碩文化

雲端網站應用實作

網站訊息與公用雲端設計

Cloud Computing and Application Programming II

賈蓉生、許世豪、林金池、賈敏原

U0086616

雲端網站應用實作－網站訊息與公用雲端設計

作　　　者／賈蓉生、許世豪、林金池、賈敏原
發　行　人／簡女娜
發 行 顧 問／陳祥輝、寶丕勳
總　編　輯／古成泉

封 面 設 計／蕭羊希
印 務 統 籌／李婉茹
監　　　製／楊雅雯

國家圖書館出版品預行編目資料

雲端網站應用實作－網站訊息與公用雲端設
計 / 賈蓉生等作. -- 初版 -- 新北市：博碩文化,
2012.03
　面；　公分
ISBN 978-986-201-568-1（平裝附光碟片）
1. 雲端運算　2.電腦程式

312.7　　　　　　　　　　　　　　101003095

Printed in Taiwan

出　　　版／博碩文化股份有限公司
網　　　址／http://www.drmaster.com.tw/
地　　　址／新北市汐止區新台五路一段112號10樓A棟
　　　　　　　TEL / 02-2696-2869・FAX / 02-2696-2867
郵 撥 帳 號／17484299
律 師 顧 問／劉陽明
出 版 日 期／西元2012年4月初版一刷

建 議 零 售 價／480元
I　S　B　N／978-986-201-568-1
博 碩 書 號／PG31212

本書如有破損或裝訂錯誤，請寄回本公司更換

序

本書為雲端網站實作系列書之第二冊，於第一冊，我們曾對基礎入門與私用雲端設計多有著墨；於本書，將焦點放在網站訊息與公用雲端設計。

雲端運算(Cloud Computing) 之意義，是將原儲存在本地電腦(Local Machine) 的資料(Information)，交由雲端網站(Cloud Site) 儲存；原由本地電腦之運算，交由雲端網站運算。使用者(Users) 無需煩惱硬體設備、系統安裝、應用程式，只需開啟雲端網頁，即可執行各類資料儲存與運算。目前，已有完整架構建立之知名雲端商用平台有：

(1) **谷歌雲端平台(Google Cloud Platform)**，開發 Gmail、Google Docs、Google Talk、iGoogle、Google Calendar 等線上應用；

(2) **雅虎雲端平台(Yahoo! Cloud Platform)**，與 Apache 軟體基金會(Apache Software Foundation) 合作開發雲端平台作業系統 Hadoop，Hadoop 是以 java 寫成(與本書相同)，用以提供大量資料之分散式運算環境；

(3) **微軟雲端平台(Microsoft Cloud Platform)**，已開發最為完整的應用服務程式 Windows Azure、SQL Azure、Microsoft Online Services；

(4) **蘋果雲端平台(Apple Cloud Platform)**，與前述三種平台略為不同，雲端用為儲存，當使用者客戶使用時，需先下載至本地使用者裝置(PC、手機)，再開啟使用，原因為：(1)蘋果不信任目前網路資料傳遞之品質；(2)蘋果不願其他系統參與分享其成果；(3)蘋果要降低重播功能負載。

雲端運算已是今日電腦領域重要項目，我們不僅要認識了解，也應建立基礎設計能力，本書 "雲端網站應用實作－網站訊息與公用雲端設計(Cloud Computing and Application Programming II)" 是以學校課程教學需求，配合一學期 18 周，每周 3 小時教學時數，精要編撰 3 篇共 13 章，內容包括：

(1) **本書網站系統工具(System Instruments)**：範例導引安裝使用 Java 系統 jdk-7.0、Java 網站網頁系統 Tomcat、資料庫 Access。

(2) 雲端網站訊息應用(Cloud Information)：範例實作解說雲端網頁使用訊息 (Popularity and On-Line Visiting)、雲端訊息播放(Cloud News)、雲端訊息與留言板(Message Board)、雲端文章與討論區(Article and Response)、雲端訊息傳遞與聊天室(Talk Room)。

(3) 公用雲端網站應用(Public Cloud)：範例實作解說線上選舉投票雲端網站 (On Line Voting)、購物車雲端網站(Shopping Cart)、線上考試雲端網站 (Examination)、問卷調查投票雲端網站(Questionnaire Survey)、網路競標雲端網站(Network Bid)。

(4) 大型機構雲端網站應用(Large Organization Cloud)：Java Bean 應用，使設計省時省力；網路銀行雲端網站(Bank System Cloud)，磨練大型機構設計能力。

　　本書以雲端運算初學者入門觀點編著，輕鬆入門，輕鬆切入。每一學習重點都搭配實作範例，本系列書共編輯實作範例 144 則，內容豐富，導引解說雲端網站建置、網路程式設計、與使用者操作。選出代表性模型，配合不同型態需求，列出操作流程，設計實用網站網頁。

　　本書編著期間，感謝學校同仁給予鼓勵及指正，尤其許世豪老師參與合編；感謝林金池博士、賈敏原博士協助本書範例編撰；感謝妻馬元春協助打字、編校等工作。

賈蓉生 chiafirst@gmail.com

http://tw.myblog.yahoo.com/chia_bookstore

目錄 Contents

第 5 章　雲端文章與討論區(Article and Response)

第 6 章　雲端訊息傳遞與聊天室(Talk Room)

第二篇　公用雲端網站應用(Public Cloud)

第 7 章　線上選舉投票雲端網站(On Line Voting)

第 11 章　網路競標雲端網站(Network Bid)

第三篇　大型機構雲端網站應用(Large Organization Cloud)

第 12 章　Java Bean 應用

第 13 章　網路銀行雲端網站(Bank System Cloud)

第01章

認識雲端運算與本書

1-1 簡介

本書爲雲端網站實作系列書之第二冊,於第一冊(雲端網站應用實作~基礎入門與私用雲端設計),筆者對雲端運算之意義,曾作多方面的敘述,於本書本章,將再就其中重點擇要描述介紹。

雲端運算(Cloud Computing) 之概念(如圖 1-1),是將原儲存在本地電腦(Local Machine) 的資料(Information),交由雲端網站(Cloud Site) 儲存;原由本地電腦之運算,交由雲端網站運算。使用者(Users) 無需煩惱硬體設備、系統安裝、應用程式,只需開啓雲端網頁,即可執行各類資料儲存與運算。因是利用網路連接,亦是分散式系統的一種應用。

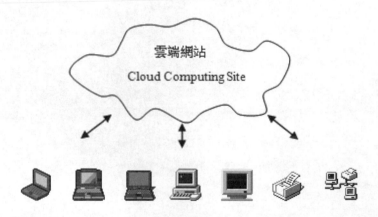

圖 1-1 雲端網站架構

雲端運算可類分爲:(1)雲端服務(Cloud Computing Services)、(2)雲端科技(Cloud Computing Technologies)。

雲端服務:使用者藉由網路連線,從雲端網站取得服務。例如提供使用者安裝和使用各種不同作業系統的 Amazon EC2 服務,這類型的雲端計算可以視爲 **"軟體即服務(SaaS, Software as a Service)"** ,利用這些服務,使用者只需一支手機、或一台簡型電腦即可完成工作。

雲端科技：使用大量裝置設施建立雲端網站，利用虛擬化以及自動化等技術，創造和普及電腦中的各種運算資源，可以視為傳統資料中心(Data Center)的延伸，不需要經由第三方提供外部資源，可直接連接使用於使用者個人電腦、或公司內部系統上。

1-2 雲端運算發展簡史(The History of Cloud Computing)

回顧電腦科技發展過程，最早期為大型單機電腦(Main Frame)，軟硬體(Hardware and Software) 昂貴，速率(Speed) 緩慢，資料儲存有限且量小；為了擴大使用，以極為簡陋之地區網路(Local Net)，發展終端機(Terminal)，連接主機執行電腦功能；為了讓使用者獨立操作，發展個人電腦(Personal Computer)，有自己的儲存記憶體(Memory)、與運算 CPU；隨著網際網路的出現，發展伺服客戶(Server-Client) 運算架構，使電腦操作分工又精良；2006年，Google 執行長艾力克施密特(Eric Schmidt) 提出 "雲端運算(Cloud Computing)" 概念，奠定電腦發展又邁向另一個新紀元。

雲端運算亦可謂 "網路電腦(Internet Based Computing)"，充分利用網際網路的功能，連接多個有用網站，組成雲端網站(Cloud Site)，提供使用者儲存資料、與問題運算；使用者(Users) 不再煩惱本地儲存設備、與運算應用程式，不必擔心電腦專業相關知識，藉網際網路連通雲端網站，即可以網頁將資料送往雲端儲存、可由雲端之應用程式解決問題。

早在 1983 年，昇陽電腦(Sun Microsystems) 提出 "網路即電腦(The Network is the Computer)" 的構想，開啟思考與發展的方向。

2006 年，亞馬遜(Amazon) 推出 "彈性雲端服務(Elastic Compute Cloud Service)"，以伺服客戶(Server-Client)、與分散式(Distributed System) 架構技術，提供有限度侷限功能之網路服務。

2006 年，Google 執行長艾力克施密特(Eric Schmidt) 提出 "雲端運算(Cloud Computing)" 概念，奠定電腦發展進入另一個新紀元。

2007 年，Google、IBM、與美國名校合作，開始在校園開發 "雲端服務 (Cloud Service)" 軟硬體技術，提供學校教授、學生藉網際網路開發大規模之研究計劃。2008 年，台灣知名大學亦開始關注，並引進此項概念與技術 (Technology)。

2008 年，雅虎(Yahoo!)、惠普(HP)、英特爾(Intel)、與美國、德國、新加坡，大規模聯合進行雲端研發，建立 6 個資料中心(Information Center) 研究平台，平均每個資料中心配置 2500 個處理器，積極開發雲端服務技術。

2008 年，戴爾電腦(Dell Computer) 正式向美國專利商標局(USPTO United States Patent and Trademark Office) 以 "雲端運算(Cloud Computing)" 申請專利商標。同時間，大型名廠如Fujitsu、Red Hat、Hewlett Packard、IBM、VMware、與 NetApp，均參與研發競爭。

2010 年，美國太空總署(NASA National Aeronautics and Space Administration) 聯合 Rackspace、AMD、Intel、Dell、Microsoft 等大型電腦專業廠商，開發雲端運算技術。

2011 年，已有完整架構建立之知名雲端商用平台有：谷歌雲端平台 (Google Cloud Platform)、雅虎雲端平台(Yahoo! Cloud Platform)、微軟雲端平台(Microsoft Cloud Platform)、蘋果雲端平台(Apple Cloud Platform)，將詳述於 1-7 節。

1-3 雲端運算前輩(Older Generations)

雲端運算是當今最新電腦服務技術，一個新技術的形成並非偶然，是經過多少艱困階段累積而成，我們可以說 "凡是應用網路之電腦技術，都是雲端運算的前輩"，但也要認知，這些前輩並非雲端運算，我們熟悉的有：

(1) **自動調整運算(Autonomic Computing)**：IBM 於 2001 年開發，用於自動控制不穩定的執行複雜度(Complexity)，尤其是在分散式網路系統 (Distributed System)，因是將工作交由不同地區伺服器，工作困難度不一，使伺服器承擔起伏過大的複雜度，影響有效功能。

(2) **伺服客戶模型(Server-Client Model)**：亦稱主從模型，是一種分散式網路應用架構(Distributed Application Structure)，將服務供應功能置於伺服端(Server)，將操作要求置於客戶端(Client)，具有各自不同硬體設備之伺服端與客戶端，藉網路相互通訊傳遞訊息，完成操作執行，但兩者仍歸屬同一系統。

(3) **網格運算(Grid Computing)**：聯合多個電腦組成工作體系，共同完成特定工作，類似分散式網路架構(Distributed System)，不同者是處理非常大量的檔案，且不作重疊操作(non-interactive workloads)。

(4) **大型電腦(Mainframe Computer)**：功能強大且組織多樣的大型電腦，使用者使用終端機，藉網路連通大型電腦，執行多人多工操作。

(5) **生活電腦應用系統(Utility Computing)**：開發於 2002 年，是一種套裝應用系統，用於家庭生活資料儲存(如水電、瓦斯等費用之計算，電話號碼、行事計劃等之提示)、或以電腦、手機遙控家用設備(如防盜通知、開啟電鍋等)。

(6) **點對點系統(P2P Peer-to-Peer)**：是一種分散式網路架構(Distributed Application Architecture)，工作運作於網路兩點之間，各點分擔相同之義務與權利(Equal Privilege)，不同主從模型，沒有協調者(Coordinator)，沒有支配者(Host)。

1-4 雲端運算特性(Characteristics)

前節所列之各項技術，都可謂是雲端運算的前輩(Older Generation)，是電腦技術的里程碑(Landmark)，因為曾經有這些技術(Technologies)，循其經驗研發的累積，才有今日雲端運算之發展，但都因無法滿足下列兩項基本條件，不能歸屬為 "雲端運算(Cloud Computing)"。

雲端運算(Cloud Computing) 之基本特性(Fundamental Characteristics)是 "運算在雲端(Computing is in the Cloud)"，亦即需滿足：

(1) 多個大規模資料中心(Information Centers) 與大量處理器(Processers)：聯合多個有用網站，擁有多個大規模資料中心、與大量處理器，能滿足任意資料儲存、與問題運算。

(2) 無憂服務(Non-Worry Service)：使用者無需煩惱硬體設備、無需煩惱系統安裝、無需煩惱應用程式，雲端網站考量所有可能的煩惱，設計執行網頁(Web Page)，使用者只要開啟網頁，即可儲存資料、運算資料、傳遞資料。

本書為 "雲端網站程式應用(Cloud Computing and Server Site Application Programming)"，限於硬體資源，無法滿足上述條件項(1)；但可嘗試滿足上述條件項(2)，於雲端網站處理軟硬體問題，設計執行網頁，使用者只要開啟雲端網頁，即可執行資料合作儲存、與合作運算。

1-5 雲端運算服務模型(Deploy Models)

如果要建立一個包羅萬象的雲端網站，在投資報酬上，對某些功能使用環境，可能是一種浪費，為了適量適用，我們可將雲端網站分類為：

(1) 公用雲端(Public Cloud)：提供一般大眾之一般生活電腦運算功能(Utility Computing Basis)，使用者以網路連通雲端網站，開啟網站網頁，與網站互動執行一般生活電腦功能。(如本書內容)

(2) 社群雲端(Community Cloud)：聯合有相同需求的多個群體，組成雲端網站，提供特定功能運算，此類雲端網站功能範圍較小，使用者較少，但功能性強，安全性高。

(3) 私用雲端(Private Cloud)：特別用於機關行號，為了便利業務推行，不受干擾，多點連鎖經營，建立此類雲端，提供單純有效運算功能，強烈限制使用者身份。(如本系列書上冊內容)

(4) 混合雲端(Hybrid Cloud)：亦稱 "聯合雲端(Combined Cloud)，聯合上述公用雲端、社群雲端、私用雲端，組成多用途之龐大規模雲端。

1-6 雲端運算優缺點(Criticism)

自從雲端運算概念被提出,學校(Universities)、廠商(Vendors)、政府(Governments) 等競相研究發展,因其有優點:

(1) **在研發維護上(Development and Maintenance)**,因有龐大資源(Resource)後盾,可迅速建立並部署 (Create and Deploy) 解決問題的方法(Solution),減低問題障礙(Defect),節省新方法之研發與維護費用(Cost)。

(2) **在功能應用上(Application)**,因是聯合多個有用網站,有多元功能(Multi-Function) 背景,容易滿足使用者需求,提供頗具競爭力的應用功能,提高使用者之應用能力與廠商功能聲譽。

(3) **在輕薄短小發展上(Light and Handy)**,因資料儲存與功能運算在雲端,使用者無需具備大容量記憶體(Memory)、與強大運算功能硬體(Hardware),有利短小輕薄發展(如平板電腦、手機等)。

(4) **在系統更新上(System Renew)**,因功能軟硬體都在雲端網站,凡有新開發系統軟體,只要在網站更新,立即付諸使用,使用者不必再煩惱更新與安裝問題。

(5) **在使用者交換訊息上(Communication)**,發掘問題(Dig Problem),解決問題(Deploy Solution),因有雲端為集散地,使用者彼此方便溝通(Available Communication),方便相互交換意見(Exchanging Ideas),進而可合作(Cooperation) 解決問題,發揮群體智慧與能力。

(6) **在使用方便上(Availability)**,雲端運算是一種無憂服務(Non-Worry Service),使用者隨時隨地,只要身處有網際網路的地區,開啟網頁,即可操作。

由上述各項可認知,雲端運算有其具體之優勢,足以令電腦科技進入一個新紀元,但其中也隱藏著**缺點、與困擾**。

(1) 雲端網站與使用者間，必須依賴網路連通，因此，沒有網路的地區，使用者無法分享任何雲端功能；如果網路速率緩慢，亦將影響功能效率，無法處理困難問題，此為其缺點。

(2) 籌建雲端網站，除了龐大費用之外，更要有人才與設備，爾後之維護更是費財費力。因此，經營一個雲端網站有其非常沈重的負擔，此為其缺點。

(3) 雲端運算是電腦技術新紀元，而我們現在使用的電腦系統與方式，也是經過長久時日，一點一滴建設而成，如果立即放棄直奔雲端，將浪費以往投資；如果裹足不前，又將跟不上新科技，此為其困擾。

(4) 對使用者言，參與雲端運算，使操作簡便有效，但亦可能是一個商業陷阱，一旦進入雲端，有了依賴，拋棄自有的能力與設備，如果雲端加重付費，此時已無力自拔，只得任由需索，此為其困擾。

1-7 雲端應用現況(Applications nowadays of Cloud Computing)

在網路科技上，雲端運算可謂當今最熱門之項目，吸引著有企圖的公司廠商奮力研發。如前述，一個雲端系統平台需聯合多個有用網站，擁有多個大規模資料中心、與大量處理器，耗資耗財，非有真正實力者難望其項背。雲端運算的產業可分為三個類層：雲端軟體、雲端平台、雲端設備。

(1) **雲端軟體 Software as a Service(SaaS)**：打破以往大廠壟斷設計的局面，有意者都可以自行研發設計，揮灑創意，提出各式各樣的軟體服務。

(2) **雲端平台 Platform as a Service(PaaS)**：研發作業系統平台，提供軟體開發者設計雲端軟體，經由網路服務一般消費者大眾，因是作業系統平台，非具有充沛人力物力的大廠無法負擔，目前參與者有：谷歌(Google)、雅虎(Yahoo!)、微軟(Microsoft)、蘋果(Apple)。

(3) **雲端設備 Infrastructure as a Service(IaaS)**：將基礎設備(如 IT 系統、資料庫等）有系統地整合，使其分工合作，對資料提供最大儲存空間，對運算提供最迅速執行時間，目前參與者：IBM、戴爾(Dell)、昇陽(Sun)、惠普(HP)、亞馬遜(Amazon)。

上述三項中，雲端平台 Platform as a Service(PaaS) 是雲端運算之靈魂產業(Soul Industry)，本節將分段詳述。

1-7-1 谷歌雲端平台(Google Cloud Platform)

谷歌(Google) 開發 Gmail、Google Docs、Google Talk、iGoogle、Google Calendar 等線上應用，建立基礎雲端運算平台，一般大眾使用者以瀏覽器連通指定的網站平台，就能編輯文件，然後線上存檔，在公司沒寫完的文稿，下班回家還可以連上網路繼續寫，Google Spreadsheet 圖形化的線上試算表，定義公式後填入數值，交由 Google 雲端網站運算，這些工作與我們使用的電腦性能無關，只有網路連接速度是問題。

為了讓雲端網站平行處理大量使用者和大量資訊，Google 雲端假設每個系統隨時都可能發生故障，使用軟體層創造容錯，並且將機器設備標準化，隨著資料量增加，只需要不斷擴充機器，不需要修改原來的應用程式。如是軟體層包括 3 項技術：Google 文件系統(GFS)、分散式資料庫 Google BigTable、以及對映簡化 MapReduce。已成功開發且受使用者歡迎的雲端網站有：

(1) **郵件雲端(Gmail)**：每個帳號提供高容量存儲空間 25GB，有效管制垃圾信，提供正常運行保證與安全性。

(2) **日曆雲端(Google Calendar)**：一個基於 Web 的日曆應用程序，提高個人或群組使用者工作效率，協助降低工作成本，增進分工合作功能。 議程管理，日程安排，共享線上日曆和日曆同步移動。

(3) **文書雲端(Google Docs)**：提供隨時隨地進行文書處理，試算執行、簡報處理等之執行環境，支援每案 1G 的不限檔案種類上載(虛擬硬碟)與即時分享。經由網頁，提供使用者多人多工同一時間編輯文件。

(4) **通訊雲端(Google Talk)**：群組有效互動與溝通，提供團體郵件通訊，方便內容分享，迅速搜尋檔案。共享日曆，文件、網站和視訊。

(5) **社群雲端(Google Group)**：聯集式垂直與水平整合內聯網，建立安全有效社群團隊專案。

(6) **安全管理(Security)**：提供視訊、私用文件等最佳安全方案。

1-7-2 雅虎雲端平台(Yahoo! Cloud Platform)

雅虎(Yahoo!) 網站每月有超過 5 億瀏覽人次、儲存千萬筆資料、與查詢資料，面對如此龐大瀏覽人數與資料量，Yahoo! 必須善用落在全球各地的資料中心，期能快速萃取出使用者要求之有用資料，並且要避免因故障而遭受的龐大損失。

此外，Yahoo! 也希望以雲端運算技術來強化使用功能，目前在 Yahoo! 網頁上，就運用了許多雲端運算技術，包括網頁內容優化，增強網頁、影片、與圖片的搜尋速度。

基於上述目標，Yahoo! 成功研發雲端基礎設施 4 大技術：(1)建立結構化與非結構化資料之雲端儲存處理(Operational Structure & non-Structure Storage)；(2)建立大規模分散式資料運算與儲存(Distributed Batch Processing & Storage)；(3)提供雲端資料快取與代理功能；(4)提供先進迅速資料處理服務(Edge Content Services)；最終目標是完成 Online Serving，讓開發者能夠線上完成開發環境的建立，加速產品與服務開發的時程。

與 Apache 軟體基金會(Apache Software Foundation) 合作開發雲端平台作業系統 Hadoop，Hadoop 是以 java 寫成(與本書相同)，用以提供大量資料之分散式運算環境，Hadoop 的架構是依 Google 發表的 BigTable 及 Google File System 等文章提出的概念實作而成，與 Google 內部使用的雲端運算架構相似。

目前 Yahoo! 及 Cloudera 等公司都有開發人員投入 Hadoop 開發團隊，有多個大型企業、公司、與組織公開表示使用 Hadoop 做為雲端運算平台，Google 及 IBM 也使用 Hadoop 平台為教育合作環境。Hadoop 包括許多子計劃，其中 Hadoop MapReduce 如同 Google MapReduce，提供分散式運算環境；Hadoop

Distributed File System 如同 Google File System，提供大量儲存空間；HBase 是一個類似 BigTable 的分散式資料庫。

1-7-3 微軟雲端平台(Microsoft Cloud Platform)

在雲端運算平台上，微軟(Microsoft)已開發最為完整的應用方案，包括：(1)網際網路資料中心之雲端運算服務應用程式(Windows Azure, SQL Azure)；(2)企業線上雲端服務應用程式(Microsoft Online Services)；(3)企業私有雲服務程式(Windows Server, System Center)，提供使用者客戶自由選擇符合本身需求的解決方案、或是混合使用不同的解決方案。

為了不讓 Google、Yahoo! 等現有的雲端平台專美於前，微軟也於日前發佈了自行開發的雲端運算平台 Azure Services Platform，使用作業系統 Windows Azure。

Azure Services Platform 分為兩層，底下的 Windows Azure 是整個 Azure Services Platform 的作業系統，上層則是包括 Live Services、.NET Services、SQL Services、SharePoint Services、Dynamics CRM Services 在內的 Azure 基礎服務。

Windows Azure 開發於 2006 年，當時的代號是 "Red Dog"，管理一組由 Windows Server 2008 伺服器組成的微軟雲端平台，最上層是由 4 個重要系統元件所組成，包括：檔案儲存系統(File Storage)、組織管理系統(Fabric Controller)、虛擬機器(Hypothesized Machine)、開發環境(Developing Envelopment)。

目前微軟已規劃，將 Windows Live、Office Live、Exchange Online、Share Point Online、Dynamics CRM Online 等線上服務，移植到 Windows Azure，開發人員亦可另創 Azure 應用程式。

目前開發人員可以利用 .NET Framework 和 Visual Studio 來開發 Windows Azure 的應用程式，包括 Web 應用程式、行動應用程式，後續也會擴展到微軟以外的開發工具及程式語言，例如 python 或 php。Azure 相容

SOAP、REST、XML 等企業界標準協定，不僅可使用 Windows Azure 應用程式，也可使用一般客戶端或伺服端的應用程式。

1-7-4 蘋果雲端平台(Apple Cloud Platform)

於前述各類雲端平台，雲端運算(Cloud Computing) 之意義，是將原儲存在本地電腦(Local Machine) 的資料(Information)，交由雲端網站(Cloud Site)儲存；原由本地電腦之運算，交由雲端網站運算。使用者客戶(Users) 無需煩惱硬體設備、系統安裝、應用程式，只需開啟雲端網頁，即可執行各類資料儲存與運算。

蘋果雲端平台(Apple Cloud Platform) 與前述三種平台略為不同，雲端用為儲存，當使用者客戶使用時，需先下載至本地使用者裝置(PC、手機)，再開啟使用，部分使用者抱怨，此與下載有何不同？事實上，蘋果另有其想法。

蘋果的方式並不是將雲端當作解決所有事務的平台，而是將雲端視為中樞監控站(Grand Central Station)，監控使用者之操作執行。蘋果為何以此方式處理雲端服務，原因為：(1)蘋果不信任目前網路資料傳遞之品質，尤其手機電訊商提供的串流播放品質；(2)蘋果不願其他系統參與分享其成果，盡量限定消費者，只以蘋果的裝置來使用這項服務;(3)蘋果要降低重播功能負載，讓使用者可經由雲端播放，也可視需要以本地裝置下載，隨時重播。

蘋果雲端平台作業系統 iCloud，以雲端組織資料的流動，而非控制資料傳遞，將應用程式、音樂、媒體、文件、訊息、相片、備份、設定等集中儲存於雲端。iCloud 支援所有的 iOS 設備，當蘋果用戶以此系統裝置(手機、PC)上傳檔案時，iCloud 會自動將用戶購買的音樂、應用程式、文件檔案、照片和系統設備進行雲端備份，再同步傳送到用戶的其他指定蘋果設備(如蘋果的iPad、iPhone、iPod Touch 音樂播放器等設備)。

1-8 本書簡介(A Brief for this Book)

本系列書有兩冊：(1) "雲端網站應用實作－基礎入門與私用雲端設計 (Cloud Computing and Application Programming I)"、與(2) "雲端網站應用 實作－網站訊息與公用雲端設計 (Cloud Computing and Application Programming II)"，內容豐富，範例導引，具高度實用性。

如前述，雲端運算(Cloud Computing) 之意義，是將原儲存在本地電腦 (Local Machine) 的資料(Information)，交由雲端網站(Cloud Site) 儲存；原 由本地電腦之運算，交由雲端網站運算。目前，知名雲端商用平台有：谷歌 雲端平台(Google Cloud Platform)、雅虎雲端平台(Yahoo! Cloud Platform)、 微軟雲端平台(Microsoft Cloud Platform)、蘋果雲端平台(Apple Cloud Platform)，詳述於 1-7 節。

因此，一個雲端網站需有能力滿足：(1)建置多個大規模資料中心 (Information Centers) 與大量處理器(Processors)，執行任意資料儲存、與問 題運算；(2)設計執行網頁(Web Page)，使用者無需煩惱硬體設備、無需煩惱 系統安裝、無需煩惱應用程式，雲端網站考量所有可能的煩惱，使用者只要 開啓網頁，即可執行需要的功能。

本系列書限於硬體資源，無法滿足條件項(1)，但可充分滿足條件項(2)， 於雲端處理軟硬體問題，設計執行網頁，使用者只要開啓雲端網頁，即可執 行資料合作儲存、與合作運算。

本書 "雲端網站應用實作－網站訊息與公用雲端設計(Cloud Computing and Application Programming II)"，內容包括：

1、本書網站系統工具(System Instruments)：

(1) **Java 系統工具 jdk-7u1-windows-i586.exe**(參考本書附件 A 安裝使用)： Java 有物件導向特性，有網路傳遞資料功能，當 Java 與 Html 合併編輯 成 JSP 時，更有執行強大互動網頁之能力。雅虎(Yahoo!) 雲端平台作業 系統 Hadoop 亦是以 java 寫成(與本書相同)。

(2) **Java 網站網頁系統工具 apache-tomcat-7.0.2.exe**(參考本書附件 B 安裝使用)：Tomcat 是專為 Java 互動網頁設計的網站執行系統。

(3) **網站資料庫 Access**：本書選擇微軟 Office Access 為網站資料庫，因其方便又功能不輸其他者，凡有 Office 的電腦，開機即可使用，無需另添購軟體。

2、雲端網站訊息應用(Cloud Information)：

(1) **雲端網頁使用訊息(Popularity and On-Line Visiting)**：使用者(Users)與雲端網站(Cloud Site) 最常用的連繫方法，多是依賴雲端互動網頁，為了觀察雲端網頁的使用率、與掌握使用者動態，我們設計 "拜訪計數 (Popularity)" 與 "線上拜訪訊息(On-Line Visiting)" 機制，前者統計網頁使用次數，用以評估有用價值、與受歡迎度；後者掌握當時使用者動態，協助維護網站安全。

(2) **雲端訊息播放(Cloud News)**：公用雲端是一個提供大眾使用之網站平台，可接受特定使用者向大眾發佈消息，雲端網站(Cloud Site) 可視需要，嚴格審核發佈消息特定使用者，賦予權限(Authority)，將雲端網站使用為訊息發佈平台(News Platform)；一般使用者大眾，則藉開啟雲端網頁，閱讀消息，充分利用雲端網站之合作平台功能。閱讀工具可以是電視、螢幕看板、網路電腦、網路手機；閱讀方式可以是網頁(by web Page)、檔案(by File)、照片(by Picture)、聲音播報(by Broadcast)、與跑馬燈(by Marquee) 等。本書將以網頁、跑馬燈為解說範例。

(3) **雲端訊息與留言板(Message Board)**：留言者將訊息寫入(Writing) 留言板(Message Board)，閱讀者隨方便時機閱讀(Reading) 留言板訊息。為了廣大深遠傳播，我們可於雲端資料庫(Cloud Database) 設置專區(Purpose Area)，接受留言者遠端寫入留言訊息(Message)，閱讀者可開啟雲端網頁閱讀留言。

(4) **雲端文章與討論區(Article and Response)**：在資訊傳播發達的今日，我們可盡情地將思維想法作成文章，播寫於雲端文章討論專區，提供讀者閱讀並參與討論、交換意見，使文化溝通更豐厚、文明傳播更蓬勃。我們可於雲端資料庫(Cloud Database) 設置文章討論專區，接受文章作者遠端寫入精彩文章，閱讀者可開啟雲端網頁閱讀文章、提出意見參與討論，並將討論意見寫入雲端資料庫，提供其他閱讀者參考。

(5) **雲端訊息傳遞與聊天室(Talk Room)**：於雲端網站，我們建立資料庫，利用其強大之存取功能，存取使用者傳遞至雲端之各類型資料，本書將討論講求速率的聊天室(Talk Room)，發送者(Speaker) 將鍵入之聊天內容，迅速傳遞至雲端資料庫(Cloud Database)，接收者(Receiver) 依序迅速讀取雲端資料庫之內容，即可構成聊天室架構。

3、 公用雲端網站應用(Public Cloud)：

(1) **線上選舉投票雲端網站(On Line Voting)**：民主社會亦可謂是投票社會，凡遇僵持不下的問題，投票解決。但投票解決問題需要是公正、效率，否則也會淪為有心人的一種利用工具。為了達到公正目標，應設計投票人只有一張票，選委會先建立投票人名冊，投票前依名冊檢驗投票人合法身份，領取選票後，立即註明已投票，同時失效再投票身份。為了達到效率目標，應設計迅速安全傳遞投票資訊，使各投票點之投票結果得以順利傳遞至選委會，作正確無誤之統計。

操作流程包括：投票操作、檢視投票結果。

(2) **購物車雲端網站(Shopping Cart)**：在商業行為競爭激烈的今日，如果我們在網路上建立一個自己設計的銷售站，不僅可節省昂貴店面租金，且可利用網路四通八達之通路特性，達到銷售亨通之效果。本書實例設計購物車(Shopping Cart) 雲端網站，消費大眾只要開啟網站網頁，點選要購物品，即可在網路上完成交易，網站管理員整理購物資料，快捷寄達客戶。

操作流程包括兩大部分：**公用購物雲端網站**：提供消費大眾購物，包括：(a)會員註冊、(b)購物登入、(c)商品展示、(d)商品勾選；**私用管理員操作網站**：提供網站管理員專用，不對外開放，包括：(a)整理購物資料、(b)列印每件購物送貨單與帳單、(b)清理結案資料。

(3) **線上考試雲端網站(Examination)**：線上考試是目前非常慣見的一種測驗方式，其型態可分為：(1)試題網頁同時顯示全部試題，考生作答完畢後，一次輸入答案；(2)試題網頁每次只顯示一題，考生依序作答一題，輸入答案一次。前者為老舊型態，後者為新式型態(如托福測驗、汽車執照考試等)，因是一題一題作答，當答錯中階程度試題之後，系統立即安排進入低階程度試題，反之進入高階程度試題，使測試效果更為精準。

操作流程包括：考生報名、登入考試、列印成績。

(4) **問卷調查投票雲端網站(Questionnaire Survey)**：在今日工商忙碌的生活型態，問卷調查已成為決策研判與製訂的一項重要依據。本書將介紹如何設計線上問卷調查，其步驟為：(1)於網頁列出所有調查問題，讓參與者先建立全盤概念；(2)再依序各問題個別陳列，並等待參與者點選滿意度；(3)統計調查結果，並以百分比列出滿意比例。

操作流程包括：問卷問題、調查操作、印出結果。

(5) **網路競標雲端網站(Network Bid)**：網路商品販售，已是今日重要的商業行為，免除店面負擔，又可廣大通路，在型式上可分為：(1)商品固定價格、(2)商品競標價格，前者如一般銷售方式，由賣方設定價碼，買方不二價購買；後者賣方不設定價碼(或僅設定底標)，由買方競價。本書範例為後者 "商品競價"，網路列出競標商品，購買者從中選定商品，提出較原標價為高之價格競標，結止時，由出價最高者得標。

操作流程包括：競標品項、競標操作、印出結果。

4、大型機構雲端網站應用(Large Organization Cloud)：

(1) **Java Bean 應用**：為了增進程式之可讀性、與功能性，我們將某特定功能的程式片段以副程式、包裹等方式撰寫，先儲置於功能程式庫。當設計一個複雜困難的程式時，可於程式庫抓取需要的功能程式，使程式容易設計、容易執行、容易了解。Java Bean 是 JSP 系統標籤嵌入程式之一種，將最常用的個別功能程序，以包裹方式儲置於 Tomcat 之目錄 class 內，支援 JSP 程式作功能執行。當設計大型機構雲端網站時，其中必定會一再重複作資料庫之存取動作，此時我們可設計一個存取 Java Bean，需要時抓取使用即可，省時省力。配合 JSP 之預設類別，以 scope 設定不同層面之生存週期(Life Time)，因應不同系列網頁之需要。

(2) **網路銀行雲端網站(Bank System Cloud)**：一個銀行雲端系統，應是非常龐大複雜，本書僅就：(1)行員資料、(2)客戶資料、(3)開戶作業、(4)存款作業、(5)提款作業、(6)轉帳作業，藉教學範例介紹。

操作流程包括：管理操作、客戶操作、結束操作。

1-9 本書編著特性(Characteristic of this Book)

1、**輕鬆入門**：本書以雲端運算初學者入門觀點編著，輕鬆入門，輕鬆切入。

2、**範例實作**：每一學習重點都搭配實作範例，本系列書上下冊共編輯實作範例 144 則，導引解說雲端網站建置、網路程式設計、與使用者操作。

3、**應用設計**：詳細介紹公用雲端設計，選出代表性行業，配合各領域操作需求，列出操作流程，設計實用網站網頁。

4、**光碟使用**：本書隨書附光碟一片，內容有 Java7.0 安裝程式(System)、Tomcat7.0.2 網站安裝程式(System)、範例程式(Program)。

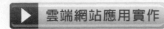
1-10 習題(Exercises)

1、雲端運算(Cloud Computing) 之意義為何?

2、雲端運算前輩有哪些?

3、雲端運算(Cloud Computing) 之基本特性(Fundamental Characteristics) 為何?

4、問題 3 之雲端運算前輩(Older Generation),為何不能歸屬為 "雲端運算(Cloud Computing)" ?

5、雲端運算有哪些服務模型(Deploy Models)?

6、雲端運算之優缺點(Criticism) 為何?

7、雲端運算的產業可分為哪三個類層?

8、雲端平台 Platform as a Service(PaaS) 是雲端運算之靈魂產業(Soul Industry),目前,已有完整架構建立之知名雲端商用平台有哪些?

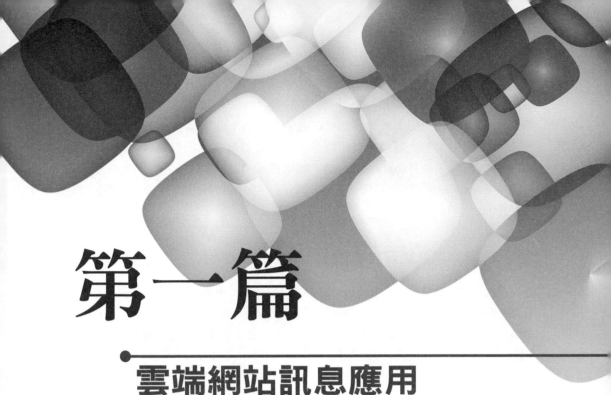

第一篇

雲端網站訊息應用
Cloud Information

　　使用者仰望雲端，猶如一座功能強大的靠山，除了可堆放儲存資料、執行合作運算之外，還可視為資料流動的集散地，使用者將資料送至雲端資料庫，再從雲端資料庫以不同型態方式轉出，即可滿足我們對資料應用之功能需求。

第二章 雲端網頁使用訊息(Popularity and On-Line Visiting)

　　我們了解，使用者(Users) 與雲端網站(Cloud Site) 最常用的連繫方法，多是依賴雲端互動網頁。因此，我們於雲端網站設計網頁，提供使用者於任意使用端，開啟網頁，執行雲端運算操作。為了觀察雲端網頁的使用率、與掌握使用者動態，我們設計 "拜訪計數(Popularity)" 與 "線上拜訪訊息(On-Line Visiting)" 機制，前者統計網頁使用次數，用以評估有用價值、與受歡迎度；後者掌握當時使用者動態，協助維護網站安全。

第三章 雲端訊息播放(Cloud News)

　　雲端是一個大眾使用之網站平台，可接受特定使用者發佈消息，達到資訊合作流通之功能。雲端網站(Cloud Site) 可視需要，嚴格審核發佈消息特定使用者，賦予權限(Authority)，將雲端網站使用為訊息發佈平台(News Platform)；一般使用者大眾，則藉開啟雲端網頁，閱讀消息，充分利用雲端網站之合作平台功能。閱讀工具可以是電視、螢幕看板、網路電腦、網路手機；閱讀方式可以是網頁(by web Page)、檔案(by File)、照片(by Picture)、聲音播報(by Broadcast)、與跑馬燈(by Marquee) 等。本章將以網頁、跑馬燈為解說範例。

第四章 雲端訊息與留言板(Message Board)

留言者將訊息寫入(Writing) 留言板(Message Board)，閱讀者隨方便時機閱讀(Reading) 留言板訊息。為了廣大深遠傳播，我們可於雲端資料庫(Cloud Database) 設置專區(Purpose Area)，接受留言者遠端寫入留言訊息(Message)，閱讀者可開啟雲端網頁閱讀留言。

第五章 雲端文章與討論區(Article and Response)

在資訊傳播發達的今日，我們可盡情地將思維想法作成文章，播寫於雲端文章討論專區，提供讀者閱讀並參與討論、交換意見，使文化溝通更豐厚、文明傳播更蓬勃。我們可於雲端資料庫(Cloud Database) 設置文章討論專區，接受文章作者遠端寫入精彩文章，閱讀者可開啟雲端網頁閱讀文章、提出意見參與討論，並將討論意見寫入雲端資料庫，提供其他閱讀者參考。

第六章 雲端訊息傳遞與聊天室(Talk Room)

於雲端網站，我們建立資料庫，利用其強大之存取功能，存取使用者傳遞至雲端之各類型資料，本章將討論講求速率的聊天室(Talk Room)，發送者(Speaker) 將鍵入之聊天內容，迅速傳遞至雲端資料庫(Cloud Database)，接收者(Receiver) 依序迅速讀取雲端資料庫之內容，即可構成聊天室架構。

第02章

雲端網頁使用訊息
Popularity and On-Line Visiting

2-1 簡介

我們了解，使用者(Users) 與雲端網站(Cloud Site) 最常用的連繫方法，多是依賴雲端互動網頁。因此，我們於雲端網站設計網頁，提供使用者於任意使用端，開啟網頁，執行雲端運算操作。

為了觀察雲端網頁的使用率、與掌握使用者動態，我們設計 "拜訪計數 (Popularity)" 與 "線上拜訪訊息(On-Line Visiting)" 機制，前者統計網頁使用次數，用以評估有用價值、與受歡迎度；後者掌握當時使用者動態，協助維護網站安全。

2-2 建立雲端範例資料庫

依本系列書上冊第七章，於本書光碟目錄 C:\BookCldApp2\Program\ch02\Database 建立資料庫 Visit.accdb，於操作前，先建立 2 個基本資料表，且以 "Visit" 為資料來源名稱作 ODBC 設定。

資料表 VisitCounter 用以計算雲端網頁拜訪人次，欄位 "輔助指標" 輔助
SQL 搜尋指令執行；欄位 "計數" 輔助計算拜訪人次。(使用前以 0 設為初值)

資料表 OnlineVisit 用以捕捉使用者網址，欄位 "時間計算值" 輔助辨識
使用者是否退出；欄位 "網址" 輔助捕捉使用者網址。

2-3 拜訪計數(Popularity)

　　當使用者於任意使用端開啟雲端網頁，即計數一次，累計每次計數，可顯示該網站網頁之使用率與受歡迎度。於雲端網頁設計拜訪計數，應考量：

(1) 當使用者開啟網頁時，如何啟動計數機制？

(2) 如何將拜訪計數加入總計數？

(3) 如何設計使用雲端資料庫？

(4) 如何顯示計數值？

(5) 如何防止使用者於瀏覽器頻按 "重新整理" 灌水拜訪人次？

2-3-1 關鍵設計(Basic Designing)

　　於雲端網頁，以 SQL 指令設定拜訪人次計數值之讀取區塊、與儲存區塊，前者讀取資料庫原有之拜訪人次計數值；後者將計數值加 1 再儲存。

　　當使用者於遠端開啟網頁時，網頁勢必執行 SQL 指令，此時亦即是啟動計數機制之時機，同時印出拜訪人次。

> **範例 84**：雲端設計檔案 BasicVisitCounter.jsp，使用資料庫 Visit.accdb，解說當有使用者開啟本雲端網頁時，隨即將拜訪人次加 1，並印出拜訪人次訊息。

(1) 設計檔案 BasicVisitCounter.jsp：(為本例雲端網頁，當有使用者開啟雲端網頁時，即將資料庫拜訪人次加 1，並顯示於網頁，編輯於 C:\BookCldApp2\Program\ch02\2_3\2_3_1)

```
01 <%@ page contentType="text/html;charset=big5" %>
02 <%@ page import= "java.sql.*" %>
03 <%@ page import= "java.io.*" %>
04 <html>
05 <head><title>BasicVisitCounter</title></head><body>
06 <p align="left">
```

```
07  <font size="5"><b>Page of BasicVisitCounter</b></font>
08  </p>
09  <%

//連接資料庫
10  String JDriver = "sun.jdbc.odbc.JdbcOdbcDriver";
11  String connectDB="jdbc:odbc:Visit";
12  StringBuffer sb = new StringBuffer();

13  Class.forName(JDriver);
14  Connection con = DriverManager.getConnection(connectDB);
15  Statement stmt = con.createStatement();

//讀取原儲存之拜訪人次
16  String sql1= "SELECT 計數 FROM VisitCounter WHERE 輔助指標= 0";
17  if (stmt.execute(sql1))    {
18      ResultSet rs = stmt.getResultSet();
19      while (rs.next())  {
20          Object obj = rs.getObject(1);
21          sb.append(obj.toString());
22      }
23  }

//將拜訪人次加 1 再儲存
24  String result= sb.toString();
25  int numInt= Integer.parseInt(result) + 1;
26  String sql2= "UPDATE VisitCounter SET " +
                " 輔助指標= " + 0 + "," +
                " 計數= " + numInt +
                " WHERE 輔助指標=  0";
27  stmt.executeUpdate(sql2);

//關閉資料庫
28  stmt.close();
29  con.close();

30  out.print("本網頁拜訪人次： "  + numInt);
31  %>
32  </body>
33  </html>
```

列 10~15 連接資料庫，建立操作機制。

列 12　　　建立計數值之儲存緩衝器。

列 14~15 建立資料庫操作物件。

列 16~23 讀取資料庫原有之計數值。

列 16　　　設定 SQL 指令，讀取資料庫原有之計數值。

列 17~22 如果讀取成功，即將計數值置入列 12 建立之緩衝器。

列 24~27 將拜訪人次計數值加 1 再儲存。

列 24~25 將計數值加 1。

列 26　　　設定 SQL 指令，將更新的計數值儲存入資料庫。

列 28~29 關閉資料庫。

列 30　　　印出計數訊息。

(2) 執行檔案 BasicVisitCounter.jsp：(參考本系列書上冊範例 02、或本書附件 B 範例 firstJSP)

　　(a) 複製 BasicVisitCounter.jsp 至目錄：

　　　　C:\Program Files\Java\Tomcat 7.0\webapps\examples。

　　(b) 重新啟動 Tomcat。

　　(c) 使用者開啟瀏覽器，使用網址 http://163.15.40.242:8080/examples/Basic VisitCounter.jsp，其中 163.15.40.242 為網站主機之 IP，8080 為 port。(注意：讀者實作時應將 IP 改成自己雲端網站之 IP)

(3) 討論事項：

　　本例雖已建立網頁拜訪人次計數功能，但無法防止使用者於瀏覽器頻按 "重新整理" 灌水拜訪人次，使拜訪計數隱有失真意義。

2-3-2 健全設計(Nice Designing)

　　前節範例焦點在雲端網頁拜訪人次計數之關鍵設計，未能考量周全，本節再以範例 85 補充設計，考量：

(1) 避免失真拜訪：當使用者於瀏覽器頻按 "重新整理" 時，拜訪人次不會加 1，唯有開啟新網頁時，拜訪人次才會加 1。預設物件 session，新網頁才有新 session，故可使用 session.isNew() 判斷是否為新開啟之網頁，來避免失真之拜訪；

(2) 精美印出：讀取特定設計字型，以精美圖案數字印出計數值。

範例 85：雲端設計檔案 NiceVisitCounter.jsp，設計特定數字圖案 images，使用資料庫 Visit.accdb，**解說當有使用者開啟本雲端網頁時，拜訪人次加 1，並以精美圖案數字取代印出，且於瀏覽器頻按 "重新整理" 時，拜訪人次不會加 1。**

---

(1) 設計檔案 NiceVisitCounter.jsp：(為本例雲端網頁，當有使用者開啟雲端網頁時，拜訪人次加 1，並以精美圖案數字取代印出，且當使用者於瀏覽器頻按 "重新整理" 時，拜訪人次不會加 1，編輯於 C:\BookCldApp2\Program\ch02\2_3\2_3_2)

```
01 <%@ page contentType="text/html;charset=big5" %>
02 <%@ page import= "java.sql.*" %>
03 <%@ page import= "java.io.*" %>
04 <html>
05 <head><title>NiceVisitCounter</title></head><body>
06 <p align="left">
07 <font size="5"><b>Page of NiceVisitCounter</b></font>
08 </p>
09 <%
10   int numInt= 0;
```

```
11   String numStr;

//連接資料庫
12   String JDriver = "sun.jdbc.odbc.JdbcOdbcDriver";
13   String connectDB="jdbc:odbc:Visit";
14   Class.forName(JDriver);
15   Connection con = DriverManager.getConnection(connectDB);
16   Statement stmt = con.createStatement();

//讀取資料庫曾儲存之拜訪人次
17   String sql1= "SELECT * FROM VisitCounter WHERE 輔助指標= 0";
18   if (stmt.execute(sql1))  {
19       ResultSet rs = stmt.getResultSet();
20       while (rs.next())
             numInt= rs.getInt("計數");
21   }

//將拜訪人次加1再儲存入資料庫
22   if (session.isNew()) {
23       numInt= numInt + 1;
24       String sql2= "UPDATE VisitCounter SET " +
                     " 輔助指標= " + 0 + "," +
                     " 計數= " + numInt +
                     " WHERE 輔助指標=  0";
25     stmt.executeUpdate(sql2);
26   }

//使用圖形數字印出拜訪人次
27   numStr = String.valueOf(numInt);
28   out.print("本網頁拜訪人次： "  +"<br>");
29   for(int i = 0; i < numStr.length(); i++)  {
30     %>
31     <img src = "./images/<%= numStr.charAt(i) %>.gif"></img>
32     <%
33   }

//關閉資料庫
34   stmt.close();
35   con.close();
36 %>
37 </body>
38 </html>
```

列 12~16 連接資料庫，並建立操作物件。

列 17~21 讀取資料庫原有之計數值。

列 22~26 在避免頻按 "重新整理" 之下，將拜訪人次加 1 再儲存入資料庫。

列 22　　使用預設物件 session，有新網頁才有新 session，以 session.isNew() 判斷是否為新開啟之網頁，來避免失真之拜訪。

列 27~33 讀取目錄 images 內之數字圖案，以圖形數字印出拜訪人次計數值。

列 34~35 關閉資料庫。

(2) 設計特定數字圖案，儲存於 C:\BookCldApp2\Program\ch02\2_3\2_3_2\ images。

(3) 執行檔案 **NiceVisitCounter.jsp**、與目錄 **images**：(參考本系列書上冊範例 02、或本書附件 B 範例 firstJSP)

　(a) 複製 NiceVisitCounter.jsp、與目錄 images 至目錄：

　　　C:\Program Files\Java\Tomcat 7.0\webapps\examples。

　(b) 重新啟動 Tomcat。

　(c) 使用者開啟瀏覽器，使用網址 http://163.15.40.242:8080/examples/Nice VisitCounter.jsp，其中 163.15.40.242 為網站主機之 IP，8080 為 port。 (注意：讀者實作時應將 IP 改成自己雲端網站之 IP)

(4) 討論事項：

　　本例為常用之健全設計，已避免失真拜訪計數，且以精美字型印出。

2-3-3 檔案儲存設計(Designing with a File)

　　於雲端網頁，範例 85 為一般常用之拜訪人次計數設計，以資料庫為計數值之儲存工具。但於需要時，亦可使用檔案取代資料庫。

範例 86：雲端設計檔案 FileVisitCounter.jsp，設計特定數字圖案 images，使用檔案 FileVisit.txt，以檔案取代資料庫為計數值之儲存工具。

---

(1) 設計檔案 FileVisitCounter.jsp：(為本例雲端網頁，當有使用者開啟雲端網頁時，即將資料庫拜訪人次加 1，並以精美圖案數字取代印出，以檔案取代資料庫為計數值之儲存工具，編輯於 C:\BookCldApp2\Program\ch02\ 2_3\2_3_3)

```
01 <%@ page contentType="text/html; charset=Big5" %>
02 <%@ page import = "java.io.*" %>
03 <html>
04 <head><title>FileVisitCounter</title></head><body>
05 <p align="left">
06 <font size="5"><b>Page of FileVisitCounter</b></font>
07 </p>
08 <%
09 request.setCharacterEncoding("big5");

//搜尋檔案 FileVisit.txt
10 String fCount = request.getRealPath("/FileVisit.txt");

//讀取檔案內曾儲存之拜訪人次
11 BufferedReader br = new BufferedReader(new FileReader(fCount));
12 String numStr = br.readLine();
13 br.close();

//將拜訪人次加 1 再儲存入檔案
14 if (session.isNew()) {
15     int numInt = Integer.parseInt(numStr) + 1;
16     numStr = String.valueOf(numInt);
```

```
17      BufferedWriter bw = new BufferedWriter(new FileWriter(fCount));
18      bw.write(String.valueOf(numStr));
19      bw.close();
20 }

//使用圖形數字印出拜訪人次
21 out.print("本網頁拜訪人次： " + "<br>");
22 for(int i = 0; i < numStr.length(); i++)  {
23      %>
24      <img src = "./images/<%= numStr.charAt(i) %>.gif"></img>
25      <%
26 }
27 %>
28 </body>
29 </html>
```

列 10   搜尋檔案 FileVisit.txt。

列 11~13 讀取檔案內曾儲存之拜訪人次。

列 11   建立緩衝器檔案讀取物件。

列 12   讀取檔案曾儲存之拜訪人次值。

列 13   關閉緩衝器。

列 14~20 將拜訪人次加 1 再儲存入檔案。

列 14   如果是新 session(亦即不受"重新整理"之影響)，即執行列 15~20。

列 15   將拜訪人次值加 1。

列 17   建立寫入檔案物件。

列 18   將新拜訪人次值寫入檔案。

列 19   關閉寫入物件。

列 21~26 讀取目錄 images 內之數字圖案，以圖形數字印出拜訪人次計數值。

(2) 建立檔案 FileVisit.txt，儲存於 C:\BookCldApp2\Program\ch02\2_3\2_3_3，
用以儲存拜訪人次計數值。

(3) 設計特定數字圖案，儲存於 C:\BookCldApp2\Program\ch02\2_3\2_3_3\
images。

(4) 執行檔案 **FileVisitCounter.jsp**、**FileVisitor.txt**、與目錄 **images**：(參考本系列書上冊範例 02、或本書附件 B 範例 firstJSP)

(a) 複製 FileVisitCounter.jsp、FileVisitor.txt、與目錄 images 至目錄：

C:\Program Files\Java\Tomcat 7.0\webapps\examples。

(b) 重新啟動 Tomcat。

(c) 使用者開啟瀏覽器，使用網址 http://163.15.40.242:8080/examples/FileVisitCounter.jsp，其中 163.15.40.242 為網站主機之 IP，8080 為 port。(注意：讀者實作時應將 IP 改成自己雲端網站之 IP)

(5) 討論事項：

在 C:\Program Files\Java\Tomcat 7.0\webapps\examples 檔案 FileVist.txt 內的數字，將隨每次開啟網頁而加 1。

2-3-4 最簡易設計(The Simplest Designing)

於 Html/Java 網頁程式中，<%! xxxxx %> 標籤內宣告之變數，可保存每次開啟網頁輸入之訊息，並累積給予下一個開啟之網頁。我們可利用此特性，累積網頁拜訪人數，如此設計也是一種最簡易之設計方法。

範例 87：使用 <%! xxxxx %> 標籤內宣告之變數，設計檔案 SimpleVisitCounter.jsp，展示 **JSP** 網頁拜訪人次之最簡易設計。

(1) 設計檔案 **SimpleVisitCounter.jsp**：(以最簡易設計印出網頁拜訪人次，編輯於 C:\BookCldApp2\Program\ch02\2_3\2_3_4)

```
01 <%@ page contentType= "text/html;charset=big5" %>
02 <%! int count= 0; %>
03 <html>
04 <head><title>SimpleVisitCounter</title></head><body>
05 <p align="center">
06 <font size="5"><b>Page of SimpleVisitCounter</b></font>
07 </p>
08 <%
09  count = count + 1;
10  out.print("網頁拜訪人數: " + count);
11 %>
12 </body>
13 </html>
```

列 02　　宣告可續存保留之變數。

列 09　　每次開啟網頁時，變數值加 1。

列 10　　印出拜訪人次。

(2) 執行檔案 **SimpleVisitCounter.jsp**：(參考本系列書上冊範例 02、或本書附件 B 範例 firstJSP)

(a) 複製 SimpleVisitCounter.jsp 至目錄：

C:\Program Files\Java\Tomcat 7.0\webapps\examples。

(b) 重新啟動 Tomcat。

(c) 使用者開啟瀏覽器，使用網址 http://163.15.40.242:8080/examples/SimpleVisitCounter.jsp，其中 163.15.40.242 為網站主機之 IP，8080 為 port。(注意：讀者實作時應將 IP 改成自己雲端網站之 IP)

2-4 線上拜訪訊息(On-Line Visiting)

為了掌握當時線上(On-Line) 使用者動態,為了維護(Maintain) 網站使用安全,在眾多使用訊息中,雲端網站至少應知道當時線上有多少使用者?每一使用者之網址為何?

於雲端網頁捕捉線上使用者之網址、與人數,因是動態訊息,在程式設計上,將面對之困難有:

(1) 當有新拜訪者加入時,網頁如何捕捉其網址?

(2) 當拜訪者退出時,網頁如何偵測得知?

(3) 網頁如何統計當時線上拜訪者人數?

因是要捕捉當時線上每一拜訪者之網址、與線上拜訪者人數,為了克服上述 3 項困難,在關鍵設計方法上,需考量:

(1) 當有新拜訪者加入時,網頁如何捕捉其網址?

使用預設物件(Implicit Object) **request** 之方法程序(Method) **getRemoteAddr()**,捕捉拜訪者網址,並寫入資料庫儲存。

(2) 當拜訪者退出時,網頁如何偵測得知?

於資料庫內只允許儲存正在連線的網址,刪除退離的網址,可採用:

(a) 使用預設物件 response 之方法程序 addHeader(String name, String value)，以網頁重整方式，每間隔一小段時間(本節範例設定為 5 秒)，重新捕捉拜訪者網址一次，將新捕得之網址寫入資料庫；

(b) 刪除資料庫中 10 秒以前捕捉之舊網址，配合上述之新內容，可清除已退出之網址。

(3) 網頁如何統計當時線上拜訪者人數？

因資料庫內已都是線上正在連線之網址，利用網址迴圈，我們可統計線上拜訪者人數。

範例 88：雲端設計檔案 OnlineVisit.jsp，使用資料庫 Visit.accdb，捕捉線上使用者之網址、與人數。

---

(1) 設計檔案 OnlineVisit.jsp：(捕捉線上使用者之網址、與人數，編輯於 C:\BookCldApp2\Program\ch02\2_4)

```
01 <%@ page contentType= "text/html;charset=big5" %>
02 <%@ page import= "java.sql.*, java.util.Date" %>
03 <% Date T= new Date(); %>
04 <html>
05 <head><title>OnlineVisit</title></head><body>
06 <%

//設定網頁重整
07  response.addIntHeader("refresh", 5);

08  out.print("page of OnlineVisit" + "<br>");
09  out.print("" + "<br>");

10  out.print("本網頁每 5 秒重整一次" + "<br>");
11  out.print("" + "<br>");

//連接資料庫
12  String JDriver = "sun.jdbc.odbc.JdbcOdbcDriver";
13  String connectDB="jdbc:odbc:Visit";
14  Class.forName(JDriver);
15  Connection con = DriverManager.getConnection(connectDB);
16  Statement stmt = con.createStatement();
```

//捕捉線上拜訪者網址與時間並輸入資料庫

```
17   String timeStr= T.toLocaleString();
18   out.print("現在時間: " + timeStr + "<BR>");
19   long timeL= T.getTime();
20   int timeInt= (int)timeL;
21   String userAddr = request.getRemoteAddr();

22   String sql1= "INSERT INTO OnlineVisit(時間計算值, 網址)" +
                  "VALUES(" + timeInt + ",'" + userAddr + "')";
23   stmt.executeUpdate(sql1);
```

//刪除 10 秒以前拜訪者資料庫資料

```
24   int timeDInt= timeInt - 10000;
25   String sql2= "DELETE FROM onlineVisit WHERE 時間計算值<= " +
                  timeDInt + ";";
26   stmt.execute(sql2);
```

//印出線上拜訪者網址與人數

```
27   String sql3= "SELECT DISTINCT 網址 FROM OnlineVisit";
28   if(stmt.execute(sql3)){
29      out.print("目前線上使用者:" + "<BR>");
30      ResultSet rs= stmt.getResultSet();
31      int i= 0;
32      while(rs.next()) {
33        String addrResult= rs.getString("網址");
34        out.print(addrResult + "<BR>");
35        i++;
36      }
37      out.print("目前線上使用者人數:" + i +"<BR>");
38   }
```

//關閉資料庫

```
39   stmt.close();
40   con.close();
41   %>
42   </body>
43   </html>
```

列 03　　建立讀取雲端網站時間之物件。

列 07~11 設定網頁重整。

列 07　　　使用預設物件 response 之方法程序 addHeader(String name, String value)，控制網頁每 5 秒重整一次。

列 12~16　連接資料庫，建立操作物件。

列 17~23　捕捉線上拜訪者之網址與時間，並輸入資料庫。

列 17~20　建立時間計算值。

列 21　　　使用預設物件 request 之方法程序 getRemoteAddr()，捕捉拜訪者網址。

列 22　　　設定 SQL 指令，將時間計算值與捕捉之網址寫入資料庫。

列 24~26　刪除 10 秒以前拜訪者在資料庫之資料。

列 24　　　建立 10 秒以前之時間計算值。

列 25　　　設定 SQL 指令，刪除資料庫 10 秒以前之所有資料。

列 27~38　印出線上拜訪者網址與人數。

列 27　　　設定 SQL 指令，讀取資料庫內拜訪者之網址。

列 28~36　印出線上每一拜訪者之網址，並統計線上拜訪者人數。

列 37　　　印出線上拜訪者人數。

列 39~40　關閉資料庫。

(2) 執行檔案 OnlineVisit.jsp：(參考本系列書上冊範例 02、或本書附件 B 範例 firstJSP)

　(a) 複製 OnlineVisit.jsp 至目錄：

　　　C:\Program Files\Java\Tomcat 7.0\webapps\examples。

　(b) 重新啟動 Tomcat。

　(c) 使用者開啟瀏覽器，使用網址 http://163.15.40.242:8080/examples/OnlineVisit.jsp，其中 163.15.40.242 為網站主機之 IP，8080 為 port。(注意：讀者實作時應將 IP 改成自己雲端網站之 IP)

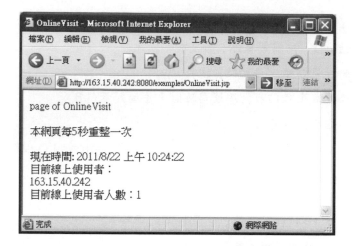

(d) 當有新拜訪者加入時，網頁立即反應，並更新印出拜訪者網址與人數。

(e) 當有拜訪者退出時,網頁立即反應,並更新印出拜訪者網址與人數。

2-5 習題(Exercises)

1、使用者(Users) 與雲端網站(Cloud Site) 最常用的連繫方法為何?

2、雲端網站為何需要設計顯示拜訪人之訊息?

3、使用者可於瀏覽器頻按 "重新整理" 灌水拜訪人次,設計時,如何避免如此失真拜訪?

4、如何設計最簡單網頁拜訪人次?

5、雲端網站為何要掌握當時線上(On-Line) 使用者動態訊息?

6、如何設計網頁自動重整?

7、雲端網站如何辨識退離使用者?

note

第03章

雲端訊息播放
Cloud News

3-1 簡介

　　雲端是一個大眾使用之網站平台,可接受特定使用者發佈消息,達到資訊合作流通之功能。雲端網站(Cloud Site)可視需要,嚴格審核發佈消息特定使用者,賦予權限(Authority),將雲端網站使用為訊息發佈平台(News Platform);一般使用者大眾,則藉開啟雲端網頁,閱讀消息,充分利用雲端網站之合作平台功能。

　　閱讀工具可以是電視、螢幕看板、網路電腦、網路手機;閱讀方式可以是網頁(by web Page)、檔案(by File)、照片(by Picture)、聲音播報(by Broadcast)、與跑馬燈(by Marquee)等。本章將以網頁、跑馬燈為解說範例。設計雲端訊息平台,本章範例考量項目有:

(1) 建立雲端範例資料庫:資料表 userList 提供權限人註冊填寫基本資料,資料表 instantNews 提供權限人輸入即時訊息。

(2) 權限註冊(Authority and Registration):一個開放(Open)且公開(Public)的環境,有心人可輕易地侵入、攔截、破壞,甚或傳遞不實訊息。因此,安全維護更顯得重要,網站訊息者,應先有權限註冊考核。

(3) 輸入訊息(Write Cloud News):訊息輸入者必須通過雲端認證;為了確定每一網頁都合法,每一網頁都需通過接續認證。

(4) 瀏覽訊息(Read Cloud News):一般使用者大眾,隨時開啟雲端網頁,鍵入需求時段,瀏覽雲端訊息。

(5) 跑馬燈訊息(Cloud News and Marquee):跑馬燈因不佔用空間,且可播報大量訊息,常用於公共場所(如車站,球場等)。

3-2 建立雲端範例資料庫(Cloud Database)

　　依本系列書上冊第七章,於本書光碟目錄 C:\BookCldApp2\Program\ch03\Database 建立資料庫 CloudNews.accdb,於操作前,先建立 2 個基本資料表,且以 "CloudNews" 為資料來源名稱作 ODBC 設定。

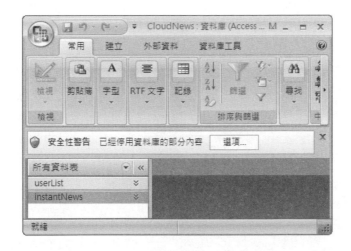

資料表 userList 用以提供權限人註冊時，填寫基本資料，包括欄位身份證字號、使用者帳號、使用者密碼、使用者地址。

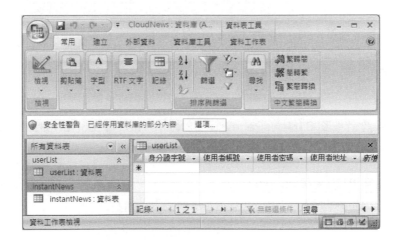

資料表 instantNews 用以提供權限人輸入即時訊息，包括欄位時間索引、時間、訊息。

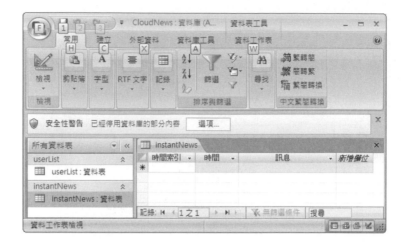

3-3 建立網頁分割

參考本系列書上冊第四章,將本章範例網頁分隔成上、中左、中右、下 4 個區塊。於上端區塊,印出網頁標題;於中左端區塊控制執行項目,執行於中右端區塊;於下端區塊設定返回首頁機制。

> **範例 89:** 設計檔案 01NewsPage.jsp、02NewsTop.jsp、03NewslMid_1.jsp、 04NewsMid_2.jsp、05NewsBtm.jsp,**建立網頁分隔。**

(1) 設計檔案 **01NewsPage.jsp**(建立上、中左、中右、下網頁 4 區塊分隔,編輯於 C:\BookCldApp2\Program\ch03)

```
01 <HTML>
02 <HEAD>
03 <TITLE>Front Page of CloudNews</TITLE>
04 </HEAD>
05 <FRAMESET ROWS= "10%, 80%, 10%" >
06  <FRAME NAME= "NewsTop" SRC= "02NewsTop.jsp">
07  <FRAMESET COLS= "20%,*">
08     <FRAME NAME= "NewsMid_1" SRC= "03NewslMid_1.jsp">
09     <FRAME NAME= "NewsMid_2" SRC= "04NewsMid_2.jsp">
10  </FRAMESET>
11  <FRAME NAME= "NewsBtm" SRC= "05NewsBtm.jsp">
```

```
12 </FRAMESET>
13 </HTML>
```

列 05~12 將網頁作上(10%)、中(80%)、下(10%) 3 區塊分隔。

列 06　　 上區塊執行檔案 02NewsTop.jsp。

列 07~10 將中區塊作左(20%)、右(80%) 分隔,分別執行檔案 03NewslMid_1.jsp、
　　　　　 04NewsMid_2.jsp。

列 11　　 下區塊執行檔案 05NewsBtm.jsp。

(2) 設計檔案 02NewsTop.jsp (依 01NewsPage.jsp 安排,執行於網頁上端區塊)

```
01 <%@ page contentType="text/html;charset=big5" %>
02 <html>
03 <head><title>NewsTop</title></head>
04 <body>
05 <h2 align= "center">雲端訊息播放</h2>
06 </body>
07 </html>
```

列 05　　 印出網頁標題。

(3) 設計檔案 03NewslMid_1.jsp (依 01NewsPage.jsp 安排,於中左端區塊控
　　制執行項目,執行結果顯示於中右端區塊)

```
01 <%@ page contentType="text/html;charset=big5" %>
02 <html>
03 <head><title>NewsMid_1</title></head>
04 <body>
05  <A HREF= "06Registry.html" TARGET= "NewsMid_2">權限註冊</A><p>
06  <A HREF= "08Authority.html" TARGET= "NewsMid_2">輸入訊息</A><p>
07  <A HREF= "12ReadNews.html" TARGET= "NewsMid_2">瀏覽訊息</A><p>
08  <A HREF= "14Marquee.html" TARGET= "NewsMid_2">跑馬燈訊息</A><p>
09 </body>
10 </html>
```

列 05~08 於中左端控制執行項目,執行結果顯示於中右端區塊。

(4) 設計檔案 04NewsMid_2.jsp (依 01NewsPage.jsp 安排,於中右區塊印出
　　訊息)

```
01 <%@ page contentType="text/html;charset=big5" %>
02 <html>
```

```
03 <head><title>NewsMid_2</title></head>
04 <body>
05 <align= "left">系統執行區
06 </body>
07 </html>
```

列 05　　印出初始訊息。

(5) 設計檔案 05NewsBtm.jsp (依 01NewsPage.jsp 安排，於下端區塊設定返回首頁機制)

```
01 <%@ page contentType="text/html;charset=big5" %>
02 <html>
03 <head><title>NewsBtm</title></head>
04 <body>
05 <a href= "01NewsPage.jsp" target= "_top">回首頁</a>
06 </body>
07 </html>
```

列 05　　於下端區塊設定返回首頁機制。

(6) 為了避免前章同名稱程式檔案之干擾，依附件 B **重新安裝 Tomcat 系統**。

(7) 執行項(1)~(6)檔案：(參考本系列書上冊範例 02、或本書附件 B 範例 firstJSP)

　(a) 為了測試設計是否完整，將本例光碟 C:\BookCldApp2\Program\ch03 內 15 個檔案複製至目錄：C:\Program Files\Java\Tomcat 7.0\webapps\ examples

　(b) 重新啟動 Tomcat。

　(c) 使用者開啟瀏覽器，使用網址：http://163.15.40.242:8080/examples/01NewsPage.jsp，其中 163.15.40.242 為網站主機之 IP，8080 為 port。(注意：讀者實作時應將 IP 改成自己雲端網站之 IP)

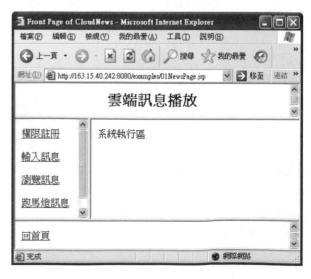

3-4 雲端網站權限註冊(Authority and Registration)

雲端網站(Cloud Site) 是一種網路操作平台(Network Platform)，使用者(Users) 藉由網路將訊息(Information) 傳遞至雲端網站，雲端網站綜合各項資料加以運算並儲存，使用者再藉網路讀取資料。

因是藉由網路，一個開放(Open) 且公開(Public) 的環境，有心人可輕易地侵入、攔截、破壞，甚或傳遞不實訊息，影響社會秩序，因此，安全維護更顯得重要。

為了維護雲端訊息安全，應嚴格審核輸入訊息人員，先向雲端網站註冊，填寫個人基本資料，經由網站管理員審核後，方可對網站傳遞公用訊息。

> **範例 90**：雲端設計檔案 06Registry.html、07Registry.jsp，使用資料庫 CloudNews.accdb，**提供訊息輸入人員註冊，填寫個人背景資料。**

(1) 設計檔案 06Registry.html：(設定表單用以接受填寫資料，並用以驅動 JSP 次網頁，編輯於光碟 C:\BookCldApp2\Program\ch03)

```
01 <HTML>
02 <HEAD>
03 <TITLE>Front Page of Registry</TITLE>
04 </HEAD>
05 <BODY>
06 <FORM METHOD="post" ACTION="07Registry.jsp ">
07 <p align="left">
08 <font size="5"><b>雲端訊息權限人註冊</b></font>
09 </p>
10 <p>  </p>
11 <p align="left">
12 <B>鍵入註冊資料</B></p>
13 <p align="left">
14 身分證字號 <INPUT TYPE = "text" NAME = "number" SIZE = "15"><br>
15 權限人帳號 <INPUT TYPE = "text" NAME = "name" SIZE = "10"><br>
16 權限人密碼 <INPUT TYPE = "password" NAME = "pwd" SIZE = "10"><br>
17 權限人地址 <INPUT TYPE = "text" NAME = "address" SIZE = "40"><br>
```

```
18 </p><p>
19 <INPUT TYPE="submit" VALUE="註冊輸入">
20 <INPUT TYPE="reset" VALUE="重新輸入">
21 </p>
22 </FORM>
23 </BODY>
24 </HTML>
```

列 06 　　驅動執行 JSP 次網頁 07Registry.jsp。

列 14~17 建立表單，用以接受權限人填寫資料。

(2) 設計檔案 07Registry.jsp：(依 06Registry.html 網頁表單輸入之內容，傳遞寫入資料庫)

```
01 <%@ page contentType="text/html;charset=big5" %>
02 <%@ page import= "java.sql.*" %>
03 <html>
04 <head><title>Registry</title></head><body>
05 <p align="center">
06 <font size="5"><b>Sub Page of 註冊寫入資料庫</b></font>
07 </p>
08 <%

//連接資料庫
09   String JDriver = "sun.jdbc.odbc.JdbcOdbcDriver";
10   String connectDB="jdbc:odbc:CloudNews";

11   Class.forName(JDriver);
12   Connection con = DriverManager.getConnection(connectDB);
13   Statement stmt = con.createStatement();

//宣告變數，讀取前網頁表單之輸入資料
14   request.setCharacterEncoding("big5");
15   String Number = request.getParameter("number");
16   String Name = request.getParameter("name");
17   String Pwd = request.getParameter("pwd");
18   String Address = request.getParameter("address");

//設定 SQL 指令，將資料寫入資料庫
19   String sql="INSERT INTO userList(身分證字號,使用者帳號," +
                "使用者密碼,使用者地址) VALUES ('" +
                Number + "','" + Name + "','" +
                Pwd + "','" + Address + "')" ;
```

```
20  stmt.executeUpdate(sql);

//關閉資料庫
21  stmt.close();
22  con.close();
23 %>
24 <center>
25 成功完成註冊輸入
26 </body>
27 </html>
```

列 09~13 連接資料庫,建立資料庫操作物件。

列 14~18 宣告變數,讀取前網頁表單之輸入資料。

列 19~20 設定 SQL 指令,將資料寫入資料庫。

列 21~22 關閉資料庫。

(3) 執行檔案 06Registry.html、07Registry.jsp:(參考本系列書上冊範例 02、 或本書附件 B 範例 firstJSP)

(a) 為了測試設計是否完整,檢視已將本例光碟 C:\BookCldApp2\Program\ch03 內 15 個檔案複製至目錄:C:\Program Files\Java\Tomcat 7.0\webapps\ examples

(b) 重新啟動 Tomcat。

(c) 使用者開啟瀏覽器,使用網址 http://163.15.40.242:8080/examples/ 01NewsPage.jsp,其中 163.15.40.242 為網站主機之 IP,8080 為 port。 (注意:讀者實作時應將 IP 改成自己雲端網站之 IP)

(d) 點選 **權限註冊**。

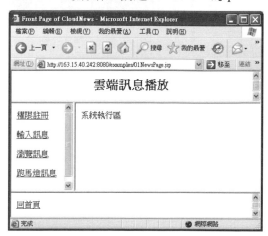

(e) 於表單輸入資料(本例為 A123456789,賈蓉生, 123456, 台北市科研路 1 號)＼按 註冊輸入。

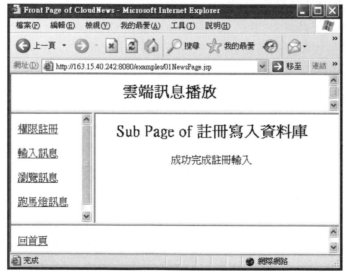

(f) 檢視資料庫。(已成功將資料輸入資料資料庫)

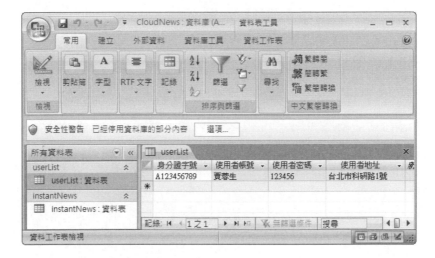

3-5 輸入雲端即時訊息(Write Cloud News)

如前節述,雲端管理員已完成建立資料庫/資料表,權限使用者已完成註冊,即可依本節範例步驟,對雲端資料庫輸入即時訊息。輸入時應考量:

(1) 為了雲端訊息安全,輸入訊息前,使用者必須通過雲端認證。

(2) 因有多個驅動連接系列網頁,為了確定每一網頁都合法,每一網頁都需通過接續認證。

(3) 為了方便大眾使用者讀取訊息,應合理安排時間索引。

(4) 雲端管理員應視需要刪除訊息。

> **範例 91**:設計檔案 08Authority.html、09Authority.jsp、10WriteNews.jsp、11StoreNews.jsp,使用資料庫 CloudNews.accdb,**權限使用者於遠端對雲端資料庫輸入即時訊息。**

(1) 設計檔案 08Authority.html:(權限使用者認證,建立表單接受輸入帳號密碼,驅動 09Authority.jsp,編輯於光碟 C:\BookCldApp2\Program\ch03)

```
01 <HTML>
02 <HEAD>
03 <TITLE>Front Page of Authority</TITLE>
04 </HEAD>
05 <BODY>
06 <FORM METHOD="post" ACTION="09Authority.jsp">
07 <p align="left">
08 <font size="5"><b>雲端訊息權限人認證</b></font>
09 </p>
10 <p>  </p>
11 <p align="left">
12 權限人帳號 <INPUT TYPE="text" NAME="name" SIZE="10"><br>
13 權限人密碼 <INPUT TYPE="password" NAME="pwd" SIZE="10">
14 </p>
15 <p>
16 <INPUT TYPE="submit" VALUE="遞送">
17 <INPUT TYPE="reset" VALUE="取消">
18 </FORM>
19 </BODY>
20 </HTML>
```

列 06　　驅動執行 09Authority.jsp。

列 12~13 建立表單，接受寫入權限人帳號與密碼。

(2) 設計檔案 09Authority.jsp：(讀取首頁表單輸入之帳號密碼，比對資料庫
之帳號密碼，建立 session 網頁認證碼)

```
01 <%@ page contentType= "text/html;charset=big5" %>
02 <%@ page import= "java.sql.*" %>
03 <html>
04 <head><title>Authority</title></head><body>
05 <p align="center">
06 <font size="5"><b>Sub Page of 比對帳號密碼</b></font>
07 </p><p align="left">
08 <%

//建立 session 網頁認證碼
09   session = request.getSession();
10   session.setAttribute("Authority", "true");

//連接資料庫
11   String JDriver = "sun.jdbc.odbc.JdbcOdbcDriver";
12   String connectDB="jdbc:odbc:CloudNews";
```

```
13   Class.forName(JDriver);
14   Connection con = DriverManager.getConnection(connectDB);
15   Statement stmt = con.createStatement();
```

//宣告變數，讀取前網頁表單之輸入資料
```
16   request.setCharacterEncoding("big5");
17   String Name = request.getParameter("name");
18   String Pwd = request.getParameter("pwd");
```

//設定 SQL 指令，讀取資料庫原儲存之帳號密碼
```
19   String sql="SELECT * FROM userList WHERE 使用者帳號='" +
                 Name + "'AND 使用者密碼='" + Pwd + "';";
20   ResultSet rs= stmt.executeQuery(sql);
```

//比對資料庫原儲存之帳號密碼，與本次輸入之帳號密碼
```
21   boolean flag= false;
22   while(rs.next()) flag= true;
23   if(flag){
       out.print("帳號密碼無誤");
       out.print("<FORM METHOD=post ACTION=10WriteNews.jsp>");
       out.print("<INPUT TYPE=\"submit\" VALUE=\"繼續\">");
24   }
25   else {
       out.print("<p><A HREF=01Authority.html TARGET=");
       out.print("'_top'");
       out.print(">帳號密碼有誤!! 請按此返回首頁</A></p>");
26   }
```

//關閉資料庫
```
27   stmt.close();
28   con.close();
29  %>
30  </body>
31  </html>
```

列 09~10 建立 session 網頁認證碼。

列 11~15 連接資料庫，建立操作物件。

列 16~18 宣告變數，讀取前網頁表單之輸入資料。

列 19~20 設定 SQL 指令，讀取資料庫原儲存之帳號密碼。

列 21~26 搜尋比對資料庫原儲存與首頁表單輸入之帳號密碼，如果比對成功

即繼續驅動執行次網頁 10WriteNews.jsp；如果失敗則導引返首頁。

列 27~28 關閉資料庫。

(3) 設計檔案 10WriteNews.jsp：(比對網頁 session 認證碼，如果正確則建立文字方塊，接受輸入即時訊息，驅動執行 11StoreNews.jsp)。

```
01 <%@ page contentType= "text/html;charset=big5" %>
02 <html>
03 <head><title>WriteNews</title></head><body>
04 <p align="center">
05 <font size="5"><b>Sub Page of  輸入即時訊息</b></font>
06 </p>
07 <%
08  request.setCharacterEncoding("big5");
09  out.print("" + "<br>");

//比對網頁 session 認證碼
10  session = request.getSession();

11  if(session.getAttribute("Authority") == "true") {
12     out.print("本網頁爲合法認證網頁" + "<br>");
13     out.print("<FORM ACTION = 11StoreNews.jsp " +
                 "METHOD = post>");
14     out.print("輸入即時訊息:" + "<br>");
15     out.print("<TEXTAREA NAME = data " +
                 "ROWS = 3 COLS= 40>" + "</TEXTAREA>" + "<br>");
16     out.print("<INPUT TYPE = submit VALUE = \"遞送\">");
17     out.print("<INPUT TYPE = reset VALUE = \"取消\">");
18  }
19  else
20     out.print("本網頁爲非法認證網頁無法執行" + "<br>");
21 %>
22 </body>
23 </html>
```

列 10~20 比對網頁 session 認證碼，如果正確則執行列 12~18，否則執行列 20。

列 10　　讀取本網頁 session 認證碼。

列 11　　比對本網頁 session 認證碼、與前網頁 session 認證碼，如果相同則執行列 12~18，否則執行列 20。

列 13　　驅動執行 11StoreNews.jsp

列 14~17 建立文字方塊，接受輸入即時訊息。

列 20　印出無法執行訊息。

(4) 設計檔案 11StoreNews.jsp：(將輸入之訊息寫入資料庫)

```
01 <%@ page contentType="text/html;charset=big5" %>
02 <%@ page import= "java.sql.*, java.util.Date" %>
03 <html>
04 <head><title>StoreNews</title></head><body>
05 <p align="center">
06 <font size="5"><b>Sub Page of  訊息寫入資料庫</b></font>
07 </p>
08 <%

//連接資料庫
09  String JDriver = "sun.jdbc.odbc.JdbcOdbcDriver";
10  String connectDB="jdbc:odbc:CloudNews";

11  Class.forName(JDriver);
12  Connection con = DriverManager.getConnection(connectDB);
13  Statement stmt = con.createStatement();

//讀取前網頁文字方塊之輸入訊息
14  request.setCharacterEncoding("big5");
15  String dataStr = request.getParameter("data");

//宣告變數，讀取雲端網站時間
16  Date T = new Date();
17  String timeStr= T.toLocaleString();

18  int year = (T.getYear() + 1900);
19  int month = T.getMonth() + 1;
20  int date = T.getDate();
21  int hours = T.getHours();
22  int minutes = T.getMinutes();
23  int seconds = T.getSeconds();

24  String timeKey= String.format("%02d:%02d:%02d:%02d:%02d:%02d",
                  year, month, date, hours, minutes, seconds);

//設定SQL指令，將訊息寫入資料庫
25  String sql="INSERT INTO instantNews(時間索引, 時間, 訊息)" +
              "VALUES ('" + timeKey + "','" + timeStr + "','" +
```

```
                    dataStr  +  "')" ;

//比對網頁 session 認證碼
26  session = request.getSession();
27  if(session.getAttribute("Authority") == "true") {
28      out.print("本網頁為合法認證網頁" + "<br>");
29      out.print(timeStr);
30      stmt.executeUpdate(sql);
31      out.print("成功完成訊息輸入");
32  }
33  else
34      out.print("本網頁為非法認證網頁無法執行" + "<br>");

//關閉資料庫
35  stmt.close();
36  con.close();
37 %>
38 </body>
39 </html>
```

列 09~13 連接資料庫，建立操作物件。

列 14~15 讀取前頁文字方塊輸入之即時訊息。

列 16~24 宣告變數，讀取雲端網站之時間。

列 16　　建立雲端網站時間之讀取物件。

列 17　　建立時間訊息字串。

列 18~24 建立時間索引。

列 25~34 建立 SQL 指令，對資料庫寫入即時訊息。

列 25　　設定 SQL 指令，將訊息寫入資料庫。

列 26~34 比對網頁 session 認證碼，如果正確則執行列 28~31，否則執行列 34。

列 30　　執行 SQL 指令，將即時訊息寫入資料庫。

列 35~36 關閉資料庫。

(5) 執行本例項(1)~項(4) 各檔案：(參考本系列書上冊範例 02、或本書附件 B 範例 firstJSP)

　(a) 為了測試設計是否完整，檢視本例光碟 C:\BookCldApp2\Program\ch03 內 15 個檔案已複製至目錄：C:\Program Files\Java\Tomcat 7.0\ webapps\examples

(b) 重新啟動 Tomcat。

(c) 使用者開啟瀏覽器，使用網址 http://163.15.40.242:8080/examples/
01NewsPage.jsp，其中 163.15.40.242 為網站主機之 IP，8080 為 port。
(注意：讀者實作時應將 IP 改成自己雲端網站之 IP)

(d) 點選 輸入訊息。

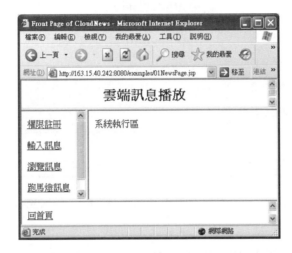

(e) 輸入帳號與密碼(本例為賈蓉生，123456) \ 按 遞送。

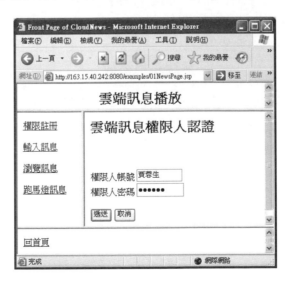

(f) 按 繼續。

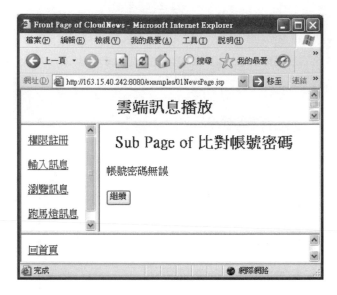

(g) 輸入即時訊息(本例為第一個雲端訊息!! My first cloud news!!) \ 按 遞
送。

(h) 檢視資料庫：(已完成資料庫輸入)

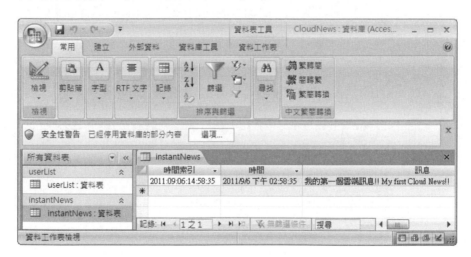

3-6 瀏覽雲端訊息(Read Cloud News)

於前節，權限使用者，已將即時訊息傳送入雲端資料庫，一般使用者大眾，隨即可開啟雲端網頁，鍵入需求時段，瀏覽雲端訊息。網頁檔案設計應考量：

(1) 如何依時段需求，搜尋訊息？

(2) 如何以表格排列，整齊印出雲端訊息？

範例 92：設計檔案 12ReadNews.html、13ReadNews.jsp，使用資料庫 CloudNews.accdb，**提供一般使用者大眾瀏覽雲端訊息。**

---

(1) 設計檔案 12ReadNews.html：(建立表單接受輸入時間區段，驅動 13ReadNews.jsp，編輯於 C:\BookCldApp2\Program\ch03)

```
01 <HTML>
02 <HEAD>
03 <TITLE>Front Page of ReadNews</TITLE>
04 </HEAD>
05 <BODY>
06 <FORM METHOD="post" ACTION=" 13ReadNews.jsp">
07 <p align="left">
08 <font size="5"><b>Front Page of  雲端訊息搜尋</b></font>
09 </p>
10 <p>  </p>
11 <p align="left">
12 <B>輸入時間<br>
13 (格式為：年:月:日:時:分:秒  如:2011:08:30:23:59:59)</B></p>
14 <p align="left">
15 起始時間：<INPUT TYPE="text" SIZE="25" NAME="startTime"><br>
16 終止時間：<INPUT TYPE="text" SIZE="25" NAME="endTime"><br>
17 </p><p>
18 <INPUT TYPE="submit" VALUE="遞送">
19 <INPUT TYPE="reset" VALUE="取消">
20 </p>
21 </FORM>
22 </BODY>
23 </HTML>
```

列 06　　驅動 13ReadNews.jsp。

列 15~16 建立表單，接受輸入時間區段。

列 18　　配合列 06 驅動執行 13ReadNews.jsp。

(2) 設計 13ReadNews.jsp：(讀取首頁表單輸入之帳號密碼，比對資料庫之帳號密碼，建立 session 網頁接續認證碼)

```
01 <%@ page contentType="text/html;charset=big5" %>
02 <%@ page import= "java.sql.*" %>
03 <%@ page import= "java.io.*" %>
04 <html>
05 <head><title>ReadNews</title></head><body>
06 <p align="left">
07 <font size="5"><b>Sub Page of  雲端訊息</b></font>
08 </p>
09 <%


//連接資料庫
10   String JDriver = "sun.jdbc.odbc.JdbcOdbcDriver";
11   String connectDB="jdbc:odbc:CloudNews";
12   StringBuffer sb = new StringBuffer();

13   Class.forName(JDriver);
14   Connection con = DriverManager.getConnection(connectDB);
15   Statement stmt = con.createStatement();

//宣告變數，讀取前頁表單輸入之時間間隔
16   request.setCharacterEncoding("big5");
17   String StartTime = request.getParameter("startTime");
18   String EndTime = request.getParameter("endTime");

//設定 SQL 指令，讀取時間間隔中資料庫儲存之訊息
19   String sql="SELECT 時間, 訊息  FROM instantNews WHERE 時間索引>='" +
                StartTime + "' AND 時間索引<='" +  EndTime + "';";

20   if (stmt.execute(sql))
        {
          ResultSet rs = stmt.getResultSet();
          ResultSetMetaData md = rs.getMetaData();
          int colCount = md.getColumnCount();
          sb.append("<TABLE CELLSPACING=10><TR>");
          for (int i = 1; i <= colCount; i++)
          sb.append("<TH>" + md.getColumnLabel(i));
          while (rs.next())
             {
               sb.append("<TR>");
               for (int i = 1; i <= colCount; i++)
                  {
                        sb.append("<TD>");
                        Object obj = rs.getObject(i);
```

```
                                if (obj != null)
                                        sb.append(obj.toString());
                                else
                                        sb.append(" ");
                        }
                }
                sb.append("</TABLE>\n");
            }
        else
            sb.append("<B>Update Count:</B> " +
                            stmt.getUpdateCount());

21  String result= sb.toString();
22  out.print(result);

//關閉資料庫
23  stmt.close();
24  con.close();
25  %>
26  </body>
27  </html>
```

列 10~15 宣告變數連接資料庫，建立操作物件。

列 16~18 讀取首頁表單輸入之時間間隔。

列 19~22 設定 SQL 指令讀取雲端資料庫訊息。

列 19　　SQL 指令。

列 20　　將讀得內容表列整齊儲置入緩衝器。

列 21　　將緩衝器內容轉化成字串。

列 22　　印出轉化成之字串。

列 23~24 關閉資料庫。

(3) 執行本例 12ReadNews.html、13ReadNews.jsp：(參考本系列書上冊範例
　　02、或本書附件 B 範例 firstJSP)

　　(a) 為了測試設計是否完整，檢視本例光碟 C:\BookCldApp2\Program\ch03
　　　　內 15 個檔案已複製至目錄：C:\Program Files\Java\Tomcat 7.0\webapps\
　　　　examples

(b) 重新啟動 Tomcat。

(c) 使用者開啟瀏覽器，使用網址 http://163.15.40.242:8080/examples/01News
Page.jsp，其中 163.15.40.242 為網站主機之 IP，8080 為 port。(注意：
讀者實作時應將 IP 改成自己雲端網站之 IP)

(d) 按 **瀏覽訊息**。

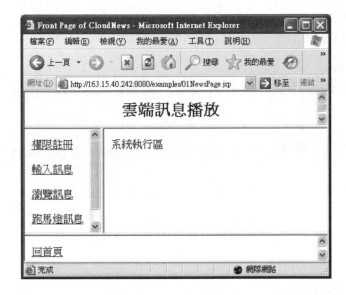

(e) 輸入時間段(本例為 2011:09:06:00:00:00~ 2011:09:06:23:59:59) \ 按 **遞送**。

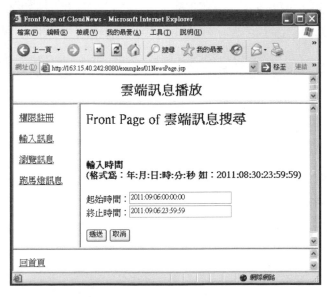

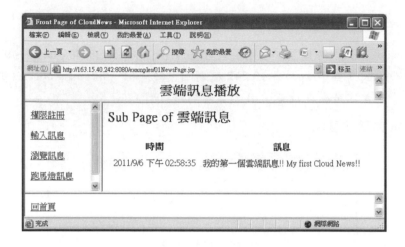

3-7 雲端訊息與跑馬燈(Cloud News and Marquee)

閱讀雲端訊息之方式有許多，可以是網頁(by web Page)、檔案(by File)、照片(by Picture)、聲音(by Broadcast)、或跑馬燈(by Marquee) 等。其中跑馬燈因不佔用空間，且可播報大量訊息，常用於公共場所(如車站，球場等)。

3-7-1 跑馬燈設計(Marquee Design)

Html 語言有跑馬燈(Marquee) 內建程序設計，可合作 Java 強大物件導向特性，合併編撰組成 JSP 指令，應用於跑馬燈雲端訊息播報。

跑馬燈可設定為向左或向右移動、向上或向下捲動、快速或慢速移動、與重複次數等。

範例 93：設計檔案 MarqueeDesign.jsp，**解說跑馬燈與播報訊息。**

---

(1) 設計檔案 MarqueeDesign.jsp：(跑馬燈設計與訊息播放，編輯於 C:\ BookCldApp2\Program\ch03)

```
01 <%@ page contentType="text/html;charset=big5" %>
02 <html>
```

```
03 <head><title>MarqueeDesign</title></head><body>
04 <p align="center">
05 <font size="5"><b>跑馬燈設計</b></font>
06 </p>
07 <%
08   String dataStr = "我的第一個跑馬燈 My first Marquee";
09  %>
10 <b><font color="#FF0000"><marquee scrolldelay= "120" loop= "5"
                 bgcolor= "#00FFFF"><%= dataStr%>~</marquee>
                 </font></b>

11 </body>
12 </html>
```

列 08　　　設定訊息字串。

列 10　　　設定跑馬燈，印出列 08 之訊息。其中 font color 為前景色，scrolldelay
　　　　　 為移動像素距離，loop 為重複次數，bgcolor 為背景色。

(2) 執行檔案 MarqueeDesign.jsp：(參考本系列書上冊範例 02、或本書附件
　　B 範例 firstJSP)

　(a) 複製至目錄：

　　　C:\Program Files\Java\Tomcat 7.0\webapps\examples。

　(b) 重新啟動 Tomcat。

　(c) 使用者開啟瀏覽器，使用網址 http://163.15.40.242:8080/examples/
　　　MarqueeDesign.jsp，其中 163.15.40.242 為網站主機之 IP，8080 為 port。
　　　(注意：讀者實作時應將 IP 改成自己雲端網站之 IP)

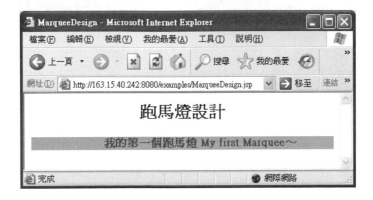

3-7-2 雲端訊息與跑馬燈播報(Cloud News and Marquee Broadcast)

於前節,我們已解說以網頁看板,瀏覽雲端訊息,本節將繼續解說以跑馬燈,選擇性瀏覽雲端訊息。

範例 94:設計檔案 14Marquee.html、15Marquee.jsp,**解說跑馬燈與雲端訊息播報。**

---

(1) 設計檔案 14Marquee.html:(建立表單接受輸入時間區段,驅動 15Marquee.jsp,編輯於光碟 C:\BookCldApp2\Program\ch03)

```
01 <HTML>
02 <HEAD>
03 <TITLE>Marquee</TITLE>
04 </HEAD>
05 <BODY>
06 <FORM METHOD="post" ACTION="15Marquee.jsp">
07 <p align="left">
08 <font size="5"><b>跑馬燈雲端訊息搜尋</b></font>
09 </p>
10 <p>  </p>
11 <p align="left">
12 <B>輸入時間<br>
13 (格式為:年:月:日:時:分:秒  如:2010:12:30:23:59:59)</B></p>
14 <p align="left">
15 起始時間:<INPUT TYPE="text" SIZE="25" NAME="startTime"><br>
16 終止時間:<INPUT TYPE="text" SIZE="25" NAME="endTime"><br>
17 </p><p>
18 <INPUT TYPE="submit" VALUE="遞送">
19 <INPUT TYPE="reset" VALUE="取消">
20 </p>
21 </FORM>
22 </BODY>
23 </HTML>
```

列 15~16 建立表單,接受輸入時間區段。

列 18　　配合列 06 驅動 MarqueeShow.jsp。

(2) 設計檔案 15Marquee.jsp：(讀取雲端資料庫訊息，跑馬燈播報)

```jsp
01 <%@ page contentType="text/html;charset=big5" %>
02 <%@ page import= "java.sql.*" %>
03 <%@ page import= "java.io.*" %>
04 <html>
05 <head><title>Marquee</title></head><body>
06 <p align="left">
07 <font size="5"><b>跑馬燈雲端訊息</b></font>
08 </p><HR>
09 <%

//連接資料庫
10  String JDriver = "sun.jdbc.odbc.JdbcOdbcDriver";
11  String connectDB="jdbc:odbc:CloudNews";
12  StringBuffer sb = new StringBuffer();

13  Class.forName(JDriver);
14  Connection con = DriverManager.getConnection(connectDB);
15  Statement stmt = con.createStatement();

//宣告變數，讀取前網頁表單輸入之時間區段
16  request.setCharacterEncoding("big5");
17  String StartTime = request.getParameter("startTime");
18  String EndTime = request.getParameter("endTime");

//讀取資料庫訊息
19  String sql="SELECT 時間, 訊息  FROM instantNews WHERE 時間索引|>='" +
                StartTime + "' AND 時間索引|<='" +  EndTime + "';";

20  if (stmt.execute(sql))   {
        ResultSet rs = stmt.getResultSet();
        while (rs.next()) {
            sb.append( rs.getString("時間"));
            sb.append( rs.getString("訊息"));
            sb.append("!!        ");
        }
21  }
22  String Info= sb.toString();
23  %>

//設計跑馬燈
24  <b><font color="#FF0000"><marquee scrolldelay="120" loop="5"
```

```
      bgcolor="#00FFFF"><%= Info%>～</marquee></font></b>
25   <%

//關閉資料庫
26   stmt.close();
27   con.close();
28  %>
29  </body>
30  </html>
```

列 10~15 宣告變數連接資料庫，建立資料庫操作物件。

列 10~11 建立資料庫連接物件。

列 12   建立字串儲存緩衝器。

列 13~14 建立資料庫操作物件。

列 16~18 宣告變數讀取首頁表單輸入之時間段。

列 19~22 建立 SQL 指令，選擇讀取資料庫訊息

列 19   設計 SQL 指令。

列 20~21 將讀取內容依序儲置入緩衝器。

列 22   將緩衝器內容轉為字串。

列 24   使用跑馬燈播放訊息字串

(3) 執行檔案 MarqueeShow.html、MarqueeShow.jsp：(參考本系列書上冊
範例 02、或本書附件 B 範例 firstJSP)

(a) 為了測試設計是否完整，檢視本例光碟 C:\BookCldApp2\Program\ch03
內 15 個檔案已複製至目錄：C:\Program Files\Java\Tomcat 7.0\
webapps\examples

(b) 重新啟動 Tomcat。

(c) 使用者開啟瀏覽器，使用網址 http://163.15.40.242:8080/examples/
01NewsPage .jsp，其中 163.15. 40.242 為網站主機之 IP，8080 為 port。
(注意：讀者實作時應將 IP 改成自己雲端網站之 IP)

(d) 按 跑馬燈訊息。

(e) 輸入時間段(本例為 2011:09:06:00:00:00~ 2011:09:06:23:59:59) \ 按 遞送。

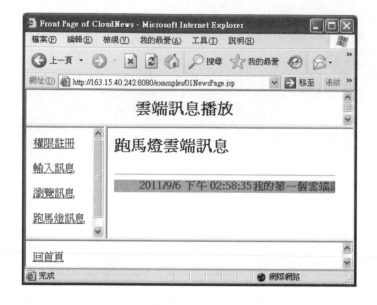

3-8 習題(Exercises)

1、一般常用即時訊息閱讀工具有哪些？

2、一般常用即時訊息閱讀方式有哪些？

3、使用跑馬燈為訊息閱讀工具，其優點為何？

4、公用訊息雲端網站，安全性為何特別重要？

5、本章範例，在設計有哪些關鍵性的考量？

6、Html 語言有跑馬燈(Marquee)內建程序設計，有哪些顯示功能？

第 **04** 章

雲端訊息與留言板
Message Board

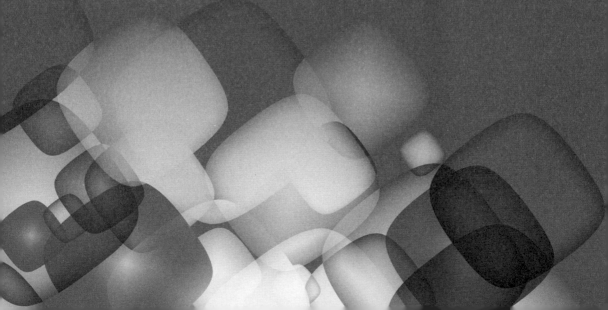

4-1 簡介

　　留言者將訊息寫入(Writing) 留言板(Message Board)，閱讀者隨方便時機閱讀(Reading) 留言板訊息。為了廣大深遠傳播，我們可於雲端資料庫(Cloud Database) 設置專區 (Purpose Area)，接受留言者遠端寫入留言訊息(Message)，閱讀者可開啟雲端網頁閱讀留言。本章範例考量項目有：

(1) 建立雲端範例資料庫(Cloud Database)：資料表 boardMessage 儲存留言板訊息。

(2) 寫入留言訊息(Writing Messages on the Board)：留言者開啟雲端網頁，於網頁表單鍵入留言者名稱、留言者信箱、留言訊息，隨即寫入雲端資料庫儲存。

(3) 讀取全部留言訊息：提供閱讀者讀取雲端資料庫之所有留言訊息。

(4) 讀取特定留言訊息：提供閱讀者讀取雲端資料庫之特定留言訊息。

4-2 建立雲端範例資料庫(Cloud Database)

　　依本系列書上冊第七章，於本書光碟目錄 C:\BookCldApp2\Program\ch04\Database 建立資料庫 CloudBoard.accdb，於操作前，先建立 1 個基本資料表，且以 "CloudBoard" 為資料來源名稱作 ODBC 設定。

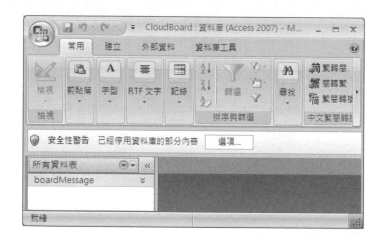

　　資料表 boardMessage 用以儲存留言板訊息，欄位 "時間" 記錄留言訊息輸入時間；欄位 "名稱" 記錄留言人姓名、或工作單位；欄位 "信箱" 提供閱讀者與留言者交換意見之管道；欄位 "留言" 儲存留言內容。

4-3 建立網頁分割

　　參考本系列書上冊第四章，將本章範例網頁分隔成上、中左、中右、下 4 個區塊。於上端區塊，印出網頁標題；於中左端區塊控制執行項目，執行於中右端區塊；於下端區塊設定返回首頁機制。

範例 95：設計檔案 01BoardPage.jsp、02BoardTop.jsp、03BoardlMid_1.jsp、04BoardMid_2.jsp、05BoardBtm.jsp，**建立網頁分隔**。

---

(1) 設計檔案 01BoardPage.jsp (建立上、中左、中右、下網頁 4 區塊分隔，編輯於 C:\BookCldApp2\Program\ch04)

```
01 <HTML>
02 <HEAD>
03 <TITLE>Front Page of CloudBoard</TITLE>
04 </HEAD>
05 <FRAMESET ROWS= "10%, 80%, 10%" >
```

```
06  <FRAME NAME= "BoardTop" SRC= "02BoardTop.jsp">
07  <FRAMESET COLS= "20%,*">
08    <FRAME NAME= "BoardMid_1" SRC= "03BoardlMid_1.jsp">
09    <FRAME NAME= "BoardMid_2" SRC= "04BoardMid_2.jsp">
10  </FRAMESET>
11  <FRAME NAME= "BoardBtm" SRC= "05BoardBtm.jsp">
12  </FRAMESET>
13  </HTML>
```

列 05~12 將網頁作上(10%)、中(80%)、下(10%) 3 區塊分隔。

列 06　　上區塊執行檔案 02BoardTop.jsp。

列 07~10 將中區塊作左(20%)、右(80%) 分隔，分別執行檔案 03BoardlMid_1.jsp、
　　　　04BoardMid_2.jsp。

列 11　　下區塊執行檔案 05BoardBtm.jsp。

(2) 設計檔案 02BoardTop.jsp (依 01BoardPage.jsp 安排，執行於網頁上端區
塊)

```
01  <%@ page contentType="text/html;charset=big5" %>
02  <html>
03  <head><title>BoardTop</title></head>
04  <body>
05  <h2 align= "center">雲端留言板</h2>
06  </body>
07  </html>
```

列 05　　印出網頁標題。

(3) 設計檔案 03BoardlMid_1.jsp (依 01BoardPage.jsp 安排，於中左端區塊
控制執行項目，執行結果顯示於中右端區塊)

```
01  <%@ page contentType="text/html;charset=big5" %>
02  <html>
03  <head><title>BoardMid_1</title></head>
04  <body>
05  <A HREF= "06WriteBoard.html" TARGET= "BoardMid_2">寫入留言訊息</A><p>
06  <A HREF= "08ReadBoardAll.jsp" TARGET= "BoardMid_2">讀取全部留言</A><p>
07  <A HREF= "09ReadBoardNeed.html" TARGET= "BoardMid_2">讀取指定留言
    </A><p>
08  </body>
09  </html>
```

列 05~07 於中左端控制執行項目，執行結果顯示於中右端區塊。

(4) 設計檔案 04BoardMid_2.jsp (依 01BoardPage.jsp 安排，於中右區塊印出訊息)

```
01 <%@ page contentType="text/html;charset=big5" %>
02 <html>
03 <head><title>BoardMid_2</title></head>
04 <body>
05 <align= "left">系統執行區
06 </body>
07 </html>
```

列 05　　印出訊息。

(5) 設計檔案 05BoardBtm.jsp (依 01BoardPage.jsp 安排，於下端區塊設定返回首頁機制)

```
01 <%@ page contentType="text/html;charset=big5" %>
02 <html>
03 <head><title>BoardBtm</title></head>
04 <body>
05 <a href= "01BoardPage.jsp" target= "_top">回首頁</a>
06 </body>
07 </html
```

列 05　　　於下端區塊設定返回首頁機制。

(6) 為了避免前章同名稱程式檔案之干擾，依附件 B **重新安裝 Tomcat 系統**。

(7) 執行項(1)~(5)檔案：(參考本系列書上冊範例 02、或本書附件 B 範例 firstJSP)

　(a) 為了測試設計是否完整，將本例光碟 C:\BookCldApp2\Program\ch04 內 10 個檔案複製至目錄：C:\Program Files\Java\Tomcat 7.0\webapps\ examples

　(b) 重新啟動 Tomcat。

　(c) 使用者開啟瀏覽器，使用網址：http://163.15.40.242:8080/examples/ 01BoardPage.jsp，其中 163.15.40.242 為網站主機之 IP，8080 為 port。 (注意：讀者實作時應將 IP 改成自己雲端網站之 IP)

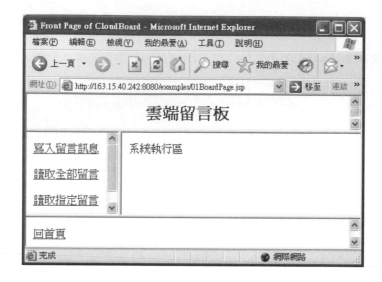

4-4 寫入留言訊息(Writing Messages on the Board)

留言者開啟雲端網頁，於網頁表單鍵入留言者名稱、留言者信箱、留言訊息，隨即寫入雲端資料庫儲存。

範例 96：設計檔案 06WriteBoard.html、07WriteBoard.jsp，提供留言者對雲端資料庫輸入留言訊息。

---

(1) 設計檔案 06WriteBoard.html：(建立表單、文字方塊，接受輸入名稱、信箱、訊息，驅動 07WriteBoard.jsp，編輯於光碟 C:\BookCldApp2\Program\ch04)

```
01 <HTML>
02 <HEAD>
03 <TITLE>WriteBoard</TITLE>
04 </HEAD>
05 <BODY>
06 <FORM METHOD="post" ACTION="07WriteBoard.jsp">
07 <p align="left">
```

```
08 <font size="5"><b>寫入留言訊息</b></font>
09 </p>
10 <p>  </p>
11 <p align="left">
12 留言者名稱:<INPUT TYPE= "text" NAME= "msgName" SIZE= "10"><br>
13 留言者信箱:<INPUT TYPE= "text"  NAME= "eMail" SIZE= "20"></p><p>
14 留言者留言:(50字以內)<br>
15 <TEXTAREA NAME="data" ROWS="3" COLS="45"></TEXTAREA>
16 </p><p>
17 <INPUT TYPE="submit" VALUE="遞送">
18 <INPUT TYPE="reset" VALUE="取消">
19 </p>
20 </FORM>
21 </BODY>
22 </HTML>
```

列 12~13 建立表單,接受輸入留言者名稱與信箱。

列 14~15 建立文字方塊,接受輸入留言訊息。

列 17   配合列 06 驅動 07WriteBoard.jsp。

(2) 設計檔案 07WriteBoard.jsp:(將首頁鍵入之名稱、信箱、訊息,寫入雲端資料庫)

```
01 <%@ page contentType="text/html;charset=big5" %>
02 <%@ page import= "java.sql.*, java.util.Date" %>
03 <html>
04 <head><title>WriteBoard</title></head><body>
05 <p align="center">
06 <font size="5"><b>寫入資料庫</b></font>
07 </p>
08 <%

//連接資料庫
09  String JDriver = "sun.jdbc.odbc.JdbcOdbcDriver";
10  String connectDB="jdbc:odbc:CloudBoard";

11  Class.forName(JDriver);
12  Connection con = DriverManager.getConnection(connectDB);
13  Statement stmt = con.createStatement();

//宣告變數,讀取前網頁表單、文字方塊之輸入資料
14  request.setCharacterEncoding("big5");
```

```
15   String MsgName = request.getParameter("msgName");
16   String EMail = request.getParameter("eMail");
17   String Data = request.getParameter("data");

//檢視是否填妥資料
18   if(MsgName=="" || EMail=="" || Data=="")  {
19     out.print("資料填寫未完成");
20     stmt.close();
21     con.close();
22   %><br>
23   <a href= "01BoardPage.jsp" target= "_top">按此回首頁</a>
24   <%
25   }

//設定 SQL 指令，將資料寫入資料庫
26   else {
27     Date msgDate= new Date();
28     String dateStr= msgDate.toLocaleString();

29     String sql="INSERT INTO boardMessage(時間, 名稱," +
                   "信箱, 留言) VALUES ('" +
                   dateStr + "','" + MsgName + "','" +
                   EMail + "','" + Data + "')" ;

30     stmt.executeUpdate(sql);
31     out.print("成功完成留言寫入資料庫");

32     stmt.close();
33     con.close();
34   }
35   %>
36   </body>
37   </html>
```

列 09~13 宣告變數連接雲端資料庫。

列 09~10 建立雲端資料庫連接物件。

列 12~13 建立雲端資料庫操作物件。

列 14~17 宣告變數，讀取前網頁表單、文字方塊之輸入資料。

列 18~25 檢視是否填妥資料，如果未填妥資料，導引返回首頁。

列 27~28 讀取雲端網站時間。

列 29~34 設定 SQL 指令，將資料寫入雲端資料庫

(3) 執行檔案 06WriteBoard.html、07WriteBoard.jsp： (參考本系列書上冊
範例 02、或本書附件 B 範例 firstJSP)

(a) 為了測試設計是否完整，檢視本例光碟 C:\BookCldApp2\Program\ch04
內 10 個檔案已複製至目錄：C:\Program Files\Java\Tomcat 7.0\webapps\
examples

(b) 重新啟動 Tomcat。

(c) 使用者開啟瀏覽器，使用網址 http://163.15.40.242:8080/examples/
01BoardPage.jsp，其中 163.15.40.242 為網站主機之 IP，8080 為 port。
(注意：讀者實作時應將 IP 改成自己雲端網站之 IP)

(d) 按 寫入留言訊息。

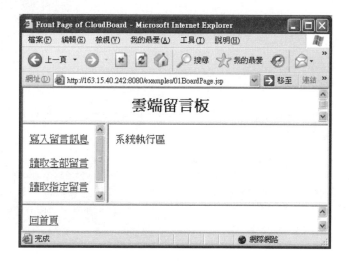

(e) 於表單、文字方塊 輸入資料。

(f) 檢視雲端資料庫(為了解說方便,本例輸入 3 筆留言,其中兩筆教務處留言,一筆學務處留言)。

4-5 讀取留言訊息(Reading Messages from the Board)

閱讀者開啟雲端網頁，讀取留言訊息。讀取方式有：(1)閱讀雲端全部留言訊息、(2)閱讀雲端特定留言訊息。

4-5-1 讀取全部留言訊息

如前節(4-4 節)，留言者將留言推送至雲端資料庫，為了檢視所有留言訊息，雲端管理員設計留言讀取網頁，提供閱讀者讀取雲端資料庫之所有留言訊息。

> **範例 97**：設計檔案 08ReadBoardAll.jsp，提供使用者閱讀雲端資料庫所有留言訊息。

(1) 設計檔案 08ReadBoardAll.jsp：(設定 SQL 指令，讀取雲端資料庫所有留言內容，編輯於光碟 C:\BookCldApp2\Program\ch04)

```
01 <%@ page contentType="text/html;charset=big5" %>
02 <%@ page import= "java.sql.*" %>
03 <%@ page import= "java.io.*" %>
04 <html>
05 <head><title>ReadBoardAll</title></head><body>
06 <p align="left">
07 <font size="5"><b>讀取資料庫全部留言</b></font>
08 </p><HR>
09 <%

//連接資料庫
10   String JDriver = "sun.jdbc.odbc.JdbcOdbcDriver";
11   String connectDB="jdbc:odbc:CloudBoard";

12   Class.forName(JDriver);
13   Connection con = DriverManager.getConnection(connectDB);
14   Statement stmt = con.createStatement();

//設定 SQL 指令，讀取資料庫留言，並整齊印出
15   request.setCharacterEncoding("big5");
```

```
16   String sql="SELECT * FROM boardMessage" ;

17   if (stmt.execute(sql))    {
         ResultSet rs = stmt.getResultSet();
         while (rs.next()) {
             %>
             時間:<%= rs.getString("時間")%><BR>
             名稱:<%= rs.getString("名稱")%><BR>
             信箱:<%= rs.getString("信箱")%><BR>
             留言:<BR>
              <%= rs.getString("留言")%><BR><HR>
              <%
         }
18   }
19   stmt.close();
20   con.close();
21   %>
22   </body>
23   </html>
```

列 10~14 宣告變數連接雲端資料庫。

列 10~11 建立雲端資料庫連接物件。

列 13~14 建立雲端資料庫操作物件。

列 15~18 設定 SQL 指令,讀取雲端資料庫所有留言內容。

列 16　　設定 SQL 指令。

列 17~18 讀取雲端資料庫所有留言內容,並整齊印出。

(2) 執行檔案 08ReadBoardAll.jsp:(參考本系列書上冊範例 02、或本書附件 B 範例 firstJSP)

(a) 為了測試設計是否完整,檢視本例光碟 C:\BookCldApp2\Program\ch04 內 10 個檔案已複製至目錄:C:\Program Files\Java\Tomcat 7.0\webapps\ examples

(b) 重新啟動 Tomcat。

(c) 使用者開啟瀏覽器,使用網址 http://163.15.40.242:8080/examples/ 01BoardPage.jsp,其中 163.15.40.242 為網站主機之 IP,8080 為 port。 (注意:讀者實作時應將 IP 改成自己雲端網站之 IP)

(d) 按 讀取全部留言。

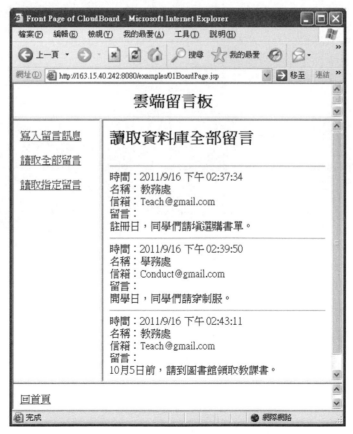

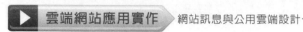

4-5-2　讀取特定留言訊息

如前節(4-4 節)，留言者將留言推送至雲端資料庫，為了檢視特定留言訊息，雲端管理員設計留言讀取網頁，提供閱讀者讀取雲端資料庫之特定留言訊息。

> **範例 98**：設計檔案 09ReadBoardNeed.html、10ReadBoardNeed.jsp，提供使用者閱讀雲端資料庫特定留言訊息。

(1) 設計檔案 09ReadBoardNeed.html：(建立表單接受輸入名稱，驅動 10ReadBoardNeed.jsp，編輯於光碟 C:\BookCldApp2\Program\ch04)

```
01 <HTML>
02 <HEAD>
03 <TITLE>ReadBoardNeed</TITLE>
04 </HEAD>
05 <BODY>
06 <FORM METHOD="post" ACTION="10ReadBoardNeed.jsp">
07 <p align="left">
08 <font size="5"><b>特定名稱留言搜尋</b></font>
09 </p>
10 <p> </p>
11 <p align="left">
12 <B>輸入特定留言者名稱</B></p>
13 <p align="left">
14 留言者名稱:<INPUT TYPE="text" SIZE="10" NAME="msgName">
15 </p><p>
16 <INPUT TYPE="submit" VALUE="遞送">
17 <INPUT TYPE="reset" VALUE="取消">
18 </p>
19 </FORM>
20 </BODY>
21 </HTML>
```

列 14　　建立表單，接受輸入特定留言者名稱。

列 16　　配合列 06 驅動 10ReadBoardNeed.jsp。

(2) 設計檔案 10ReadBoardNeed.jsp：(設定 SQL 指令，依首頁表單輸入之特定名稱讀取留言訊息)

```
01 <%@ page contentType="text/html;charset=big5" %>
02 <%@ page import= "java.sql.*" %>
03 <%@ page import= "java.io.*" %>
04 <html>
05 <head><title>ReadBoardNeed</title></head><body>
06 <p align="left">
07 <font size="5"><b>讀取資料庫特定留言</b></font>
08 </p><HR>
09 <%

//連接資料庫
10   String JDriver = "sun.jdbc.odbc.JdbcOdbcDriver";
11   String connectDB="jdbc:odbc:CloudBoard";

12   Class.forName(JDriver);
13   Connection con = DriverManager.getConnection(connectDB);
14   Statement stmt = con.createStatement();

//讀取前網頁表單之輸入資料
15   request.setCharacterEncoding("big5");
16   String MsgName = request.getParameter("msgName");

//設定 SQL 指令，讀取資料庫特定留言，並整齊印出
17   String sql="SELECT * FROM boardMessage WHERE 名稱= '" +
                MsgName + "';" ;

18   if (stmt.execute(sql))   {
         ResultSet rs = stmt.getResultSet();
         while (rs.next()) {
             %>
             時間：<%= rs.getString("時間")%><BR>
             名稱：<%= rs.getString("名稱")%><BR>
             信箱：<%= rs.getString("信箱")%><BR>
             留言：<BR>
              <%= rs.getString("留言")%><BR><HR>
              <%
         }
19  }
20  stmt.close();
21  con.close();
22 %>
23 </body>
24 </html>
```

列 10~14 宣告變數連接雲端資料庫。

列 10~11 建立雲端資料庫連接物件。

列 13~14 建立雲端資料庫操作物件。

列 15~16 讀取前網頁表單輸入之特定名稱。

列 17~19 設定 SQL 指令，讀取特定名稱之留言訊息，並整齊印出。

列 17　　設定 SQL 指令。

列 18~19 讀取雲端資料庫特定留言內容，並整齊印出。

(3) 執行檔案 09ReadBoardNeed.html、10ReadBoardNeed.jsp：(參考本系
列書上冊範例 02、或本書附件 B 範例 firstJSP)

(a) 為了測試設計是否完整，檢視本例光碟 C:\BookCldApp2\Program\ch04
內 10 個檔案已複製至目錄：C:\Program Files\Java\Tomcat 7.0\webapps\
examples

(b) 重新啟動 Tomcat。

(c) 使用者開啟瀏覽器，使用網址 http://163.15.40.242:8080/examples/
01BoardPage.jsp，其中 163.15.40.242 為網站主機之 IP，8080 為 port。
(注意：讀者實作時應將 IP 改成自己雲端網站之 IP)

(d) 按 讀取指定留言。

(e) 填寫留言者名稱(本例為教務處) \ 按 遞送。

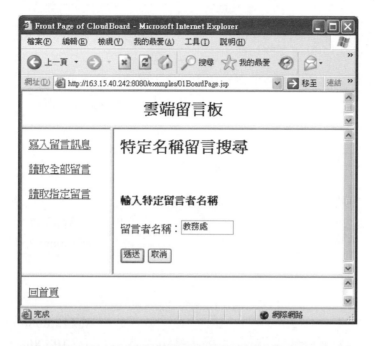

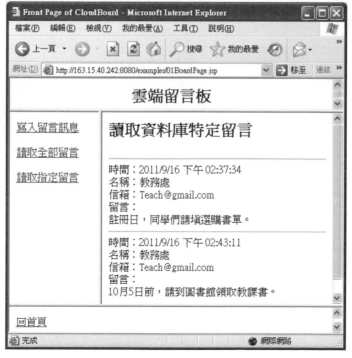

4-6 習題(Exercises)

1、試請設計雲端留言資料庫，除本章已有欄位外，另增設欄位留言者 Blog 網址，以加強留言交友功能。

2、除了本章特定留言者名稱留言功能之外，試請增設特定時間留言功能。

第 **05** 章

雲端文章與討論區
Article and Response

5-1 簡介

　　在資訊傳播發達的今日，我們可盡情地將思維想法作成文章，播寫於雲端文章討論專區，提供讀者閱讀並參與討論、交換意見，使文化溝通更豐厚、文明傳播更蓬勃。

　　我們可於雲端資料庫(Cloud Database)設置文章討論專區，接受文章作者遠端寫入精彩文章，閱讀者可開啟雲端網頁閱讀文章、提出意見參與討論，並將討論意見寫入雲端資料庫，提供其他閱讀者參考。設計雲端文章討論區，本章範例考量項目有：

(1) 建立雲端範例資料庫：資料表 articleINFO 提供文章作者輸入文章作品，資料表 responseINFO 提供閱讀者輸入回應意見。

(2) 文章作品(Writing Board Article)：提供文章作者發表文章作品，將文章內容寫入雲端資料庫。

(3) 文章回應(Reading Article and Responding Opinion)：提供讀者閱讀文章，寫入回應意見。

(4) 讀取回應(Reading Response)：讀者開啟網頁，讀取資料庫各篇文章，並選擇閱讀其中對應之回應意見。

5-2 建立雲端範例資料庫(Establish Cloud Database)

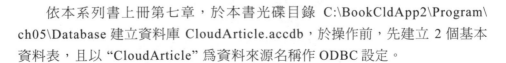

　　依本系列書上冊第七章，於本書光碟目錄 C:\BookCldApp2\Program\ch05\Database 建立資料庫 CloudArticle.accdb，於操作前，先建立 2 個基本資料表，且以 "CloudArticle" 爲資料來源名稱作 ODBC 設定。

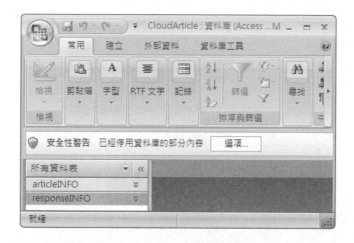

資料表 articleINFO 用以提供文章作者輸入文章作品，包括欄位編號、時間、名稱、信箱、文章。

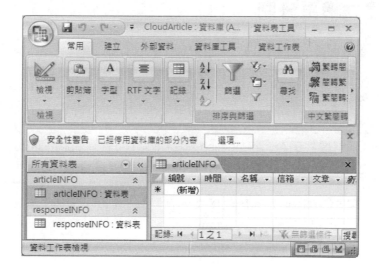

資料表 responseINFO 用以提供閱讀者輸入回應意見，包括欄位原文章編號、回應時間、回應者名稱、回應者信箱、回應者意見。

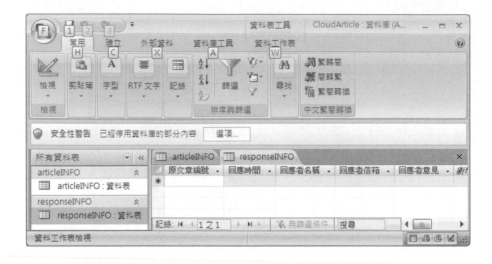

5-3 建立網頁分割

　　參考本系列書上冊第四章，將本章範例網頁分隔成上、中左、中右、下 4 個區塊。於上端區塊，印出網頁標題；於中左端區塊控制執行項目，執行於中右端區塊；於下端區塊設定返回首頁機制。

> **範例 99**：設計檔案 01ArticlePage.jsp、02ArticleTop.jsp、03ArticleMid_1.jsp、04ArticleMid_2.jsp、05ArticleBtm.jsp，**建立網頁分隔**。

(1) 設計檔案 01ArticlePage.jsp (建立上、中左、中右、下網頁 4 區塊分隔，編輯於 C:\BookCldApp2\Program\ch05)

```
01 <HTML>
02 <HEAD>
03 <TITLE>Front Page of CloudArticle</TITLE>
04 </HEAD>
05 <FRAMESET ROWS= "10%, 80%, 10%" >
06  <FRAME NAME= "ArticleTop" SRC= "02ArticleTop.jsp">
07  <FRAMESET COLS= "20%,*">
08    <FRAME NAME= "ArticleMid_1" SRC= "03ArticleMid_1.jsp">
09    <FRAME NAME= "ArticleMid_2" SRC= "04ArticleMid_2.jsp">
10  </FRAMESET>
```

```
11  <FRAME NAME= "ArticleBtm" SRC= "05ArticleBtm.jsp">
12  </FRAMESET>
13  </HTML>
```

列 05~12 將網頁作上(10%)、中(80%)、下(10%) 3 區塊分隔。

列 06　　　上區塊執行檔案 02ArticleTop.jsp。

列 07~10 將中區塊作左(20%)、右(80%) 分隔，分別執行檔案 03ArticleMid_1.jsp、04ArticleMid_2.jsp。

列 11　　　下區塊執行檔案 05ArticleBtm.jsp。

(2) 設計檔案 02ArticleTop.jsp (依 01ArticlePage.jsp 安排，執行於網頁上端區塊)

```
01  <%@ page contentType="text/html;charset=big5" %>
02  <html>
03  <head><title>ArticleTop</title></head>
04  <body>
05  <h2 align= "center">雲端文章作品</h2>
06  </body>
07  </html>
```

列 05　　　印出網頁標題。

(3) 設計檔案 03ArticleMid_1.jsp (依 01ArticlePage.jsp 安排，於中左端區塊控制執行項目，執行結果顯示於中右端區塊)

```
01  <%@ page contentType="text/html;charset=big5" %>
02  <html>
03  <head><title>ArticleMid_1</title></head>
04  <body>
05  <A HREF= "06WriteArticle.html" TARGET= "ArticleMid_2">文章作品</A><p>
06   <A HREF= "08ReadArticle.jsp" TARGET= "ArticleMid_2">文章回應</A><p>
07   <A HREF= "11ReadArticle.jsp" TARGET= "ArticleMid_2">讀取回應</A><p>
08  </body>
09  </html>
```

列 05~07 於中左端控制執行項目，執行結果顯示於中右端區塊。

(4) 設計檔案 04ArticleMid_2.jsp (依 01ArticlePage.jsp 安排，於中右區塊印出訊息)

```
01  <%@ page contentType="text/html;charset=big5" %>
```

```
02 <html>
03 <head><title>ArticleMid_2</title></head>
04 <body>
05 <align= "left">系統執行區
06 </body>
07 </html>
```

列 05　　印出訊息。

(5) 設計檔案 05ArticleBtm.jsp (依 01ArticlePage.jsp 安排，於下端區塊設定返回首頁機制)

```
01 <%@ page contentType="text/html;charset=big5" %>
02 <html>
03 <head><title>ArticleBtm</title></head>
04 <body>
05 <a href= "01ArticlePage.jsp" target= "_top">回首頁</a>
06 </body>
07 </html>
```

列 05　　於下端區塊設定返回首頁機制。

(6) 為了避免前章同名稱程式檔案之干擾，依附件 B **重新安裝 Tomcat 系統**。

(7) 執行項(1)~(5)檔案：(參考本系列書上冊範例 02、或本書附件 B 範例 firstJSP)

　(a) 為了測試設計是否完整，將本例光碟 C:\BookCldApp2\Program\ch05 內 12 個檔案複製至目錄：C:\Program Files\Java\Tomcat 7.0\webapps\ examples

　(b) 重新啟動 Tomcat。

　(c) 使用者開啟瀏覽器，使用網址：http://163.15. 40.242:8080/examples/ 01ArticlePage.jsp，其中 163.15.40. 242 為網站主機之 IP，8080 為 port。(注意：讀者實作時應將 IP 改成自己雲端網站之 IP)

5-4 寫入文章作品(Writing Board Article)

　　設計雲端網頁，提供文章作者發表文章作品，將文章內容寫入雲端資料庫，為了能清楚關聯爾後讀者回應之意見，特別設置自動編號欄位，對每篇文章自動編號。

> **範例 100**：設計檔案 06WriteArticle.html、07WriteArticle.jsp，提供文章作者對雲端資料庫輸入文章內容。

(1) 設計檔案 06WriteArticle.html：(建立表單、文字方塊，接受輸入名稱、信箱、文章，驅動 07WriteArticle.jsp，編輯於光碟 C:\BookCldApp2\Program\ch05)

```
01 <HTML>
02 <HEAD>
03 <TITLE>WriteArticle</TITLE>
04 </HEAD>
05 <BODY>
06 <FORM METHOD="post" ACTION="07WriteArticle.jsp">
07 <p align="left">
08 <font size="5"><b>寫入文章作品</b></font>
09 </p>
10 <p>  </p>
11 <p align="left">
12 作者名稱:<INPUT TYPE= "text" NAME= "msgName" SIZE= "10"><br>
13 作者信箱:<INPUT TYPE= "text"  NAME= "eMail" SIZE= "20"></p><p>
14 作者文章: (50 字以內)<br>
15 <TEXTAREA NAME="data" ROWS="3" COLS="45"></TEXTAREA>
16 </p><p>
17 <INPUT TYPE="submit" VALUE="遞送">
18 <INPUT TYPE="reset" VALUE="取消">
19 </p>
20 </FORM>
21 </BODY>
22 </HTML>
```

列 12~13 建立表單，接受輸入文章作者名稱與信箱。

列 14~15 建立文字方塊，接受輸入文章內容。

列 17 配合列 06 驅動 07WriteArticle.jsp。

(2) 設計檔案 07WriteArticle.jsp：(將首頁鍵入之名稱、信箱、文章，寫入雲端資料庫)

```
01 <%@ page contentType="text/html;charset=big5" %>
02 <%@ page import= "java.sql.*, java.util.Date" %>
03 <html>
04 <head><title>WriteArticle</title></head><body>
05 <p align="center">
06 <font size="5"><b>寫入文章資料庫</b></font>
07 </p>
08 <%

//連接資料庫
09   String JDriver = "sun.jdbc.odbc.JdbcOdbcDriver";
10   String connectDB="jdbc:odbc:CloudArticle";

11   Class.forName(JDriver);
12   Connection con = DriverManager.getConnection(connectDB);
13   Statement stmt = con.createStatement();

//宣告變數，讀取前網頁表單、文字方塊之輸入資料
14   request.setCharacterEncoding("big5");
15   String MsgName = request.getParameter("msgName");
16   String EMail = request.getParameter("eMail");
17   String Data = request.getParameter("data");

//監督輸入資料，如果未填妥則回首頁
18   if(MsgName=="" || EMail=="" || Data=="")  {
       out.print("資料填寫未完成");
       stmt.close();
       con.close();
       %><br>
       <a href= "01ArticlePage" target= "_top">按此回首頁</a>
       <%
19   }

//設定 SQL 指令，將時間、與讀取之資料輸入資料庫
20   else {
21       Date msgDate= new Date();
22       String dateStr= msgDate.toLocaleString();
```

```
23      String sql="INSERT INTO articleINFO(時間, 名稱," +
                "信箱, 文章) VALUES ('" +
                dateStr + "','" + MsgName + "','" +
                EMail + "','" + Data + "')" ;

24      stmt.executeUpdate(sql);
25      out.print("成功完成文章寫入資料庫");

//關閉資料庫
26      stmt.close();
27      con.close();
28  }
29  %>
30  </body>
31  </html>
```

列 09~13 宣告變數連接雲端資料庫。

列 09~10 建立雲端資料庫連接物件。

列 11~13 建立雲端資料庫操作物件。

列 14~17 宣告變數，讀取前網頁表單、文字方塊之輸入資料。

列 18~19 監督輸入資料，如果未填妥則回首頁。

列 20~25 設定 SQL 指令，將雲端網站時間、與讀取之資料輸入資料庫。

列 26~27 關閉資料庫。

(3) 執行檔案 06WriteArticle.html、07WriteArticle.jsp：(參考本系列書上冊範例 02、或本書附件 B 範例 firstJSP)

(a) 為了測試設計是否完整，檢視已將本例光碟 C:\BookCldApp2\Program\ch05 內 12 個檔案複製至目錄：C:\Program Files\Java\Tomcat 7.0\webapps\examples

(b) 重新啟動 Tomcat。

(c) 使用者開啟瀏覽器，使用網址：http://163.15.40.242:8080/examples/01ArticlePage.jsp，其中 163.15.40.242 為網站主機之 IP，8080 為 port。(注意：讀者實作時應將 IP 改成自己雲端網站之 IP)

(d) 按 文章作品。

(e) 輸入留言者名稱、信箱、訊息(本例為賈蓉生、chiafirst@gmail.com、我
　　的第一個雲端文章 My first Cloud Article) \ 按 遞送。

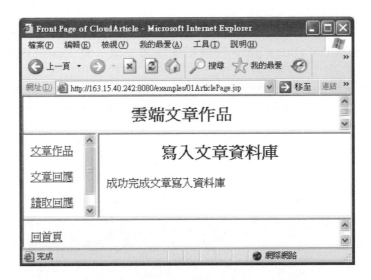

(f) 檢視資料庫。(已將資料輸入資料表 articleINFO)

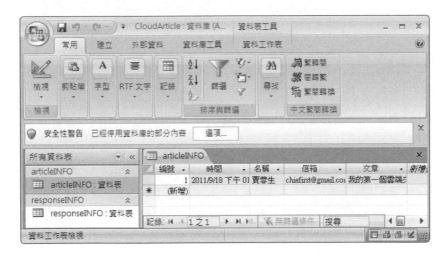

5-5 文章回應(Reading Article and Responding Opinion)

　　設計雲端網頁，提供讀者閱讀文章，寫入回應意見。讀者開啟網頁，即可讀取資料庫各篇文章，選擇其中有意見者寫入回應意見。

範例 101：設計檔案 08ReadArticle.jsp、09WriteResponse.jsp、10ResponseDatabase.jsp，提供讀者閱讀文章，寫入回應意見。

(1) 設計檔案 08ReadArticle.jsp：(連接雲端資料庫，讀取並印出各篇文章，驅動 09WriteResponse.jsp，編輯於光碟 C:\BookCldApp2\Program\ch05)

```
01 <%@ page contentType="text/html;charset=big5" %>
02 <%@ page import= "java.sql.*" %>
03 <%@ page import= "java.io.*" %>
04 <html>
05 <head><title>ReadArticle</title></head><body>
06 <p align="left">
07 <font size="5"><b>印出雲端全部文章</b></font>
08 </p><HR>
09 <%

//連接資料庫
10  String JDriver = "sun.jdbc.odbc.JdbcOdbcDriver";
11  String connectDB="jdbc:odbc:CloudArticle";

12  Class.forName(JDriver);
13  Connection con = DriverManager.getConnection(connectDB);
14  Statement stmt = con.createStatement();

//設定 SQL 指令，讀取資料庫文章，並整齊印出
15  request.setCharacterEncoding("big5");
16  String sql="SELECT * FROM articleINFO" ;

17  if (stmt.execute(sql))   {
18     ResultSet rs = stmt.getResultSet();
19     while (rs.next()) {
20       String indexStr= rs.getString("編號");
21       String timeStr= rs.getString("時間");
22       String nameStr= rs.getString("名稱");
23       String emailStr= rs.getString("信箱");
24       String articalStr= rs.getString("文章");

25       out.print("時間：" + timeStr + "<BR>");
26       out.print("名稱：" + nameStr + "<BR>");
27       out.print("信箱：" + emailStr + "<BR>");
28       out.print("文章<BR>" + articalStr + "<BR>");
```

```
//驅動 09WriteResponse.jsp
29        out.print("<FORM METHOD=post  ACTION=09WriteResponse.jsp>");
30        out.print("<INPUT TYPE=radio  NAME=postIndex " +
                      "VALUE=" + indexStr + ">選擇鈕點取");
31        out.print("<INPUT TYPE=submit VALUE=\"寫入回應\">");
32        out.print("<HR>");
33      }
34  }

//關閉資料庫
35  stmt.close();
36  con.close();
37 %>
38 </body>
39 </html>
```

列 10~14 宣告變數連接資料庫。

列 10~11 建立雲端資料庫連接物件。

列 12~14 建立雲端資料庫操作物件。

列 15~28 設定 SQL 指令,讀取並印出各篇文章。

列 16   設定 SQL 指令。

列 20~24 讀取資料庫資料。

列 25~28 印出讀取資料。

列 29~32 設計選擇鈕,確定回應文章編號,驅動 09WriteResponse.jsp 寫入回
         應意見。

列 35~36 關閉資料庫。

(2) 設計檔案 09WriteResponse.jsp:(讀取前頁選取之編號,印出選取之文
章、建立表單、文字方塊,接受輸入回應意見,驅動 10ResponseDatabase.jsp
寫入資料庫)

```
01 <%@ page contentType="text/html;charset=big5" %>
02 <%@ page import= "java.sql.*, java.util.Date" %>
03 <html>
04 <head><title>WriteResponse</title></head><body>
05 <p align="center">
06 <font size="5"><b>鍵入回應意見</b></font>
07 </p>
```

```
08 <%

//連接資料庫
09 String JDriver = "sun.jdbc.odbc.JdbcOdbcDriver";
10 String connectDB="jdbc:odbc:CloudArticle";

11 Class.forName(JDriver);
12 Connection con = DriverManager.getConnection(connectDB);
13 Statement stmt = con.createStatement();

//設定 SQL 指令，讀取資料庫內文章，並整齊印出
14 request.setCharacterEncoding("big5");
15 String indexStr = request.getParameter("postIndex");

16 String sql="SELECT * FROM articleINFO WHERE 編號= " +
             indexStr + ";" ;

17 if (stmt.execute(sql))    {
18     ResultSet rs = stmt.getResultSet();
19     while (rs.next()) {
20       String timeStr= rs.getString("時間");
21       String nameStr= rs.getString("名稱");
22       String emailStr= rs.getString("信箱");
23       String articalStr= rs.getString("文章");

24       out.print("編號：" + indexStr + "<BR>");
25       out.print("時間：" + timeStr + "<BR>");
26       out.print("名稱：" + nameStr + "<BR>");
27       out.print("信箱：" + emailStr + "<BR>");
28       out.print("文章<BR>" + articalStr + "<BR><HR>");
29     }

//關閉資料庫
30    stmt.close();
31    con.close();
32  }

//建立表單、文字方塊，等待文章閱讀者回應意見，並驅動 10ResponseDatabase.jsp
33 out.print("<FORM ACTION=10ResponseDatabase.jsp " +
             "METHOD=post>");
34 out.print("原文章編號：<INPUT TYPE=text NAME=respIndex " +
             "VALUE=" + indexStr + "><BR>");
35 out.print("回應者名稱：<INPUT TYPE=text NAME=respName " +
```

```
               "SIZE=" + 10 + "><BR>");
36  out.print("回應者信箱:<INPUT TYPE=text NAME=respEmail " +
               "SIZE=" + 20 + "></p><p>");
37  out.print("回應者意見:(50 字以內)<BR>" +
               "<TEXTAREA NAME=respData  ROWS=3 COLS=45></TEXTAREA>");
38  %>
39  </p><p>
40  <INPUT TYPE="submit" VALUE="遞送">
41  <INPUT TYPE="reset" VALUE="取消">

42  </body>
43  </html>
```

列 09~13 宣告變數連接資料庫,建立操作物件。

列 14~29 設定 SQL 指令,印出選取之文章。

列 14~15 讀取前頁選取之自動文章編號。

列 16　　 設定 SQL 指令,

列 19~23 讀取資料庫資料。

列 24~28 印出讀取資料。

列 30~31 關閉資料庫。

列 33~41 鍵入回應意見。

列 34~37 建立表單、文字方塊,接受輸入回應意見。

列 40　　 配合列 33 驅動 10ResponseDatabase.jsp,寫入資料庫。

(3) 設計檔案 10ResponseDatabase.jsp:(讀取前頁表單、文字方塊輸入之資料與網站之時間,設定 SQL 指令將資料寫入資料庫)

```
01 <%@ page contentType="text/html;charset=big5" %>
02 <%@ page import= "java.sql.*, java.util.Date" %>
03 <html>
04 <head><title>Ex113</title></head><body>
05 <p align="center">
06 <font size="5"><b>Page of Ex113 回應意見寫入資料庫</b></font>
07 </p>
08 <%

//連接資料庫
09  String JDriver = "sun.jdbc.odbc.JdbcOdbcDriver";
```

```
10   String connectDB="jdbc:odbc:CloudArticle";

11   Class.forName(JDriver);
12   Connection con = DriverManager.getConnection(connectDB);
13   Statement stmt = con.createStatement();
```

//宣告變數，讀取前網頁表單、文字方塊之輸入資料
```
14   request.setCharacterEncoding("big5");
15   String indexStr= request.getParameter("respIndex");
16   String nameStr = request.getParameter("respName");
17   String emailStr = request.getParameter("respEmail");
18   String dataStr = request.getParameter("respData");
```

//監督資料是否填妥
```
19   if(indexStr=="" || nameStr=="" || emailStr=="" || dataStr=="")  {
20      out.print("資料填寫未完成");
21      %><br>
22      <a href= " 01ArticlePage.jsp" target= "_top">按此回首頁</a>
23      <%
24   }
```

//設定 SQL 指令，將回應意見寫入資料庫
```
25   else {
26      Date respDate= new Date();
27      String dateStr= respDate.toLocaleString();

28      String sql="INSERT INTO ResponseInfo(原文章編號, 回應時間," +
                 "回應者名稱, 回應者信箱, 回應者意見) VALUES (" +
                 indexStr + ",'" + dateStr + "','" + nameStr + "','" +
                 emailStr + "','" + dataStr + "')" ;

29   stmt.executeUpdate(sql);
30   out.print("成功完成回應意見輸入資料庫");
```

//關閉資料庫
```
31   stmt.close();
32   con.close();
33   }
34   %>
35  </body>
36  </html>
```

列 09~13 宣告變數連接資料庫，並建立操作物件。

列 14~18 宣告變數,讀取前網頁表單、文字方塊之輸入資料。

列 19~24 監督資料是否填妥,如果前頁資料未填妥,則返回 01ArticlePage. jsp。

列 26~27 讀取雲端網站之時間。

列 28~30 設定 SQL 指令,將回應意見寫入資料庫。

列 31~32 關閉資料庫。

(4) 執行檔案 08ReadArticle.jsp、09WriteResponse.jsp、10ResponseDatabase.jsp:
(參考本系列書上冊範例 02、或本書附件 B 範例 firstJSP)

(a) 為了測試設計是否完整,檢視已將本例光碟 C:\BookCldApp2\Program\ ch05 內 12 個檔案複製至目錄:C:\Program Files\Java\Tomcat 7.0\ webapps\examples

(b) 重新啟動 Tomcat。

(c) 使用者開啟瀏覽器,使用網址:http://163.15.40.242:8080/examples/ 01ArticlePage.jsp,其中 163.15.40.242 為網站主機之 IP,8080 為 port。 (注意:讀者實作時應將 IP 改成自己雲端網站之 IP)

(d) 按 文章回應。

(e) 點取 選擇鈕 \ 按 寫入回應。

(f) 鍵入回應意見 \ 按 遞送。

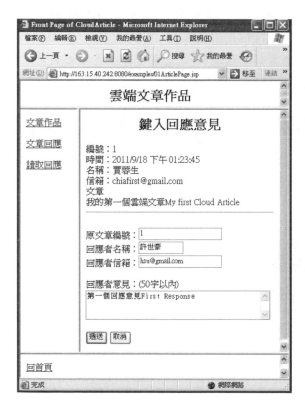

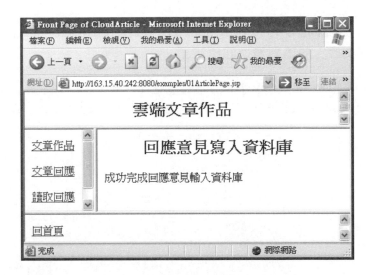

(g) 檢視資料表 responseINFO：(已將資料寫入資料庫)

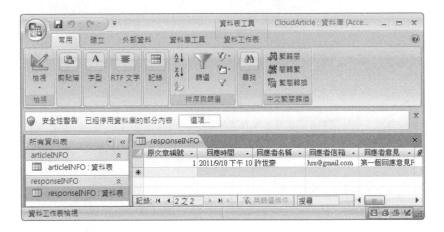

5-6 讀取回應(Reading Response)

設計雲端網頁，提供讀者閱讀文章，閱讀回應意見。讀者開啓網頁，即可讀取資料庫各篇文章，並選擇閱讀其中對應之回應意見。

範例 102：設計檔案 11ReadArticle.jsp、12ReadResponse.jsp，提供
讀者閱讀文章，閱讀對應之回應意見。

(1) 設計檔案 11ReadArticle.jsp：(連接雲端資料庫，讀取並印出各篇文章，
驅動 12ReadResponse.jsp，編輯於光碟 C:\BookCldApp2\Program\ch05)

```
01 <%@ page contentType="text/html;charset=big5" %>
02 <%@ page import= "java.sql.*" %>
03 <%@ page import= "java.io.*" %>
04 <html>
05 <head><title>ReadArticle</title></head><body>
06 <p align="left">
07 <font size="5"><b>印出雲端文章</b></font>
08 </p><HR>
09 <%


//連接資料庫
10  String JDriver = "sun.jdbc.odbc.JdbcOdbcDriver";
11  String connectDB="jdbc:odbc:CloudArticle";

12  Class.forName(JDriver);
13  Connection con = DriverManager.getConnection(connectDB);
14  Statement stmt = con.createStatement();

//設定 SQL 指令，讀取資料庫之文章，並整齊印出
15  request.setCharacterEncoding("big5");
16  String sql="SELECT * FROM articleINFO" ;

17  if (stmt.execute(sql))    {
18    ResultSet rs = stmt.getResultSet();
19    while (rs.next()) {
20      String indexStr= rs.getString("編號");
21      String timeStr= rs.getString("時間");
22      String nameStr= rs.getString("名稱");
23      String emailStr= rs.getString("信箱");
24      String articalStr= rs.getString("文章");

25      out.print("時間：" + timeStr + "<BR>");
26      out.print("名稱：" + nameStr + "<BR>");
27      out.print("信箱：" + emailStr + "<BR>");
28      out.print("文章<BR>" + articalStr + "<BR>");
```

```
//建立選擇鈕，驅動執行 12ReadResponse.jsp
29        out.print("<FORM METHOD=post  ACTION=12ReadResponse.jsp>");
30        out.print("<INPUT TYPE=radio  NAME=respIndex " +
                    "VALUE=" + indexStr + ">選擇鈕點取");
31        out.print("<INPUT TYPE=submit VALUE=\"讀取回應\">");
32        out.print("<HR>");
33      }
34   }

//關閉資料庫
35   stmt.close();
36   con.close();
37 %>
38 </body>
39 </html>
```

列 10~14 宣告變數連接資料庫。

列 10~11 建立雲端資料庫連接物件。

列 13~14 建立雲端資料庫操作物件。

列 15~28 設定 SQL 指令，讀取並印出各篇文章。

列 16   設定 SQL 指令。

列 20~24 讀取資料庫資料。

列 25~28 印出讀取資料。

列 29~32 設計選擇鈕，驅動 12ReadResponse.jsp 閱讀回應意見。

列 35~36 關閉資料庫。

(2) 設計檔案 12ReadResponse.jsp：(讀取並印出選取之文章，印出選取之對應回應意見)

```
01 <%@ page contentType="text/html;charset=big5" %>
02 <%@ page import= "java.sql.*" %>
03 <%@ page import= "java.io.*" %>
04 <html>
05 <head><title>ReadResponse</title></head><body>
06 <p align="left">
07 <font size="5"><b>讀取回應意見</b></font>
08 </p><HR>
09 <%
```

```
//連接資料庫
10   String JDriver = "sun.jdbc.odbc.JdbcOdbcDriver";
11   String connectDB="jdbc:odbc:CloudArticle";

12   Class.forName(JDriver);
13   Connection con = DriverManager.getConnection(connectDB);
14   Statement stmt = con.createStatement();

//設定 SQL 指令，讀取資料庫文章，並整齊印出
15   request.setCharacterEncoding("big5");
16   String indexStr = request.getParameter("respIndex");

17   String sql1="SELECT * FROM articleINFO WHERE 編號= " +
                   indexStr + ";" ;

18   if (stmt.execute(sql1))    {
19      ResultSet rs = stmt.getResultSet();
20      while (rs.next()) {
21        String timeStr= rs.getString("時間");
22        String nameStr= rs.getString("名稱");
23        String emailStr= rs.getString("信箱");
24        String articalStr= rs.getString("文章");

25        out.print("時間：" + timeStr + "<BR>");
26        out.print("名稱：" + nameStr + "<BR>");
27        out.print("信箱：" + emailStr + "<BR>");
28        out.print("文章<BR>" + articalStr + "<BR><HR><HR>");
29      }
30   }

//設定 SQL 指令，讀取資料庫對應之回應意見，並整齊印出
31   String sql2="SELECT * FROM responseINFO WHERE 原文章編號= " +
                   indexStr + ";" ;

32   if (stmt.execute(sql2))    {
33      ResultSet rs = stmt.getResultSet();
34      while (rs.next()) {
35        String resptimeStr= rs.getString("回應時間");
36        String respnameStr= rs.getString("回應者名稱");
37        String respemailStr= rs.getString("回應者信箱");
38        String resparticalStr= rs.getString("回應者意見");

39        out.print("回應時間：" + resptimeStr + "<BR>");
```

```
40        out.print("回應者名稱：" + respnameStr + "<BR>");
41        out.print("回應者信箱：" + respemailStr + "<BR>");
42        out.print("回應者意見<BR>" + resparticalStr + "<BR>");
43        out.print("<HR>");
44      }
45  }

//關閉資料庫
46  stmt.close();
47  con.close();
48  %>
49  </body>
50  </html>
```

列 10~14 宣告變數連接資料庫，並建立操作物件。

列 15~30 設定 SQL 指令，印出選取之文章。

列 16   讀取前網頁選取之文章編號。

列 21~24 讀取資料庫內之文章。

列 25~28 印出讀取之文章資料。

列 31~42 設定 SQL 指令，印出選取之回應意見。

列 35~38 讀取資料庫內之回應意見。

列 39~42 印出讀取之回應意見。

列 46~47 關閉資料庫。

(3) 執行檔案 11ReadArticle.jsp、12ReadResponse.jsp：(參考本系列書上冊
範例 02、或本書附件 B 範例 firstJSP)

(a) 為了測試設計是否完整，檢視已將本例光碟 C:\BookCldApp2\Program\
ch05 內 12 個檔案複製至目錄：C:\Program Files\Java\Tomcat 7.0\
webapps\examples

(b) 重新啟動 Tomcat。

(c) 使用者開啟瀏覽器，使用網址：http://163.15.40.242:8080/examples/
01ArticlePage.jsp，其中 163.15.40.242 為網站主機之 IP，8080 為 port。
(注意：讀者實作時應將 IP 改成自己雲端網站之 IP)

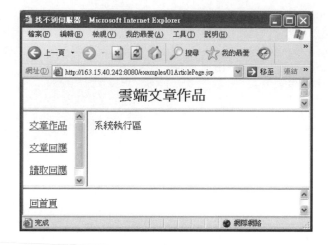

(d) 按 讀取回應。

(e) 點取 選擇鈕 \ 按 讀取回應。

5-7 習題(Exercises)

1、於本章範例，作者僅以一篇文章、一篇回應來解說，試請嘗試以多篇文章、多篇回應來實用操作。

2、於本章範例，閱讀文章時為印出資料庫所有文章，試請嘗試另設計網頁，印出特定文章。

note

第06章

雲端訊息傳遞與聊天室
Talk Room

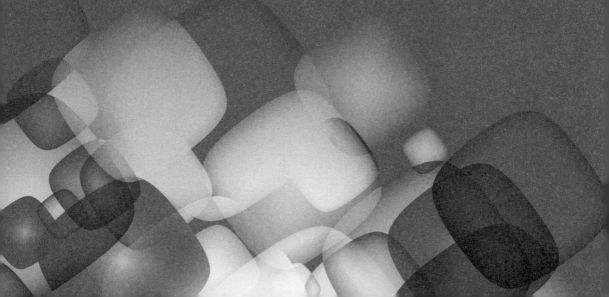

6-1 簡介

　　有關聊天室，筆者曾於 "Java 概論與實作－網路入門程式" 介紹實作範例，發話者鍵入聊天內容，交由網路直接傳遞至收話者，因是以網路串流傳遞，讀者可參考了解。

　　本章聊天室使用雲端網頁、雲端資料庫，使設計簡易、操作單純，使用者只需開啓雲端網頁，即可執行聊天功能。發話者鍵入聊天內容，交由網路傳遞至雲端資料庫，收話者讀取資料庫，不僅設計簡易、操作單純，且可輕易保留通話記錄。

　　於雲端網站，我們建立資料庫，利用其強大之存取功能，存取使用者傳遞至雲端之各類型資料，本章將討論講求速率的聊天室(Talk Room)，發送者(Speaker) 將鍵入之聊天內容，迅速傳遞至雲端資料庫(Cloud Database)，接收者(Receiver) 依序迅速讀取雲端資料庫之內容，即可構成聊天室架構。本章範例考量項目有：

(1) 建立雲端範例資料庫：資料表 talkINFO 提供儲存通話訊息，資料表 loginINFO 提供儲存發話者登入資料。

(2) 功能分割網頁成上下端兩個視窗：上端視窗(Top Window) 用於印出聊天內容，下端視窗(Bottom Window) 提供使用者登入與鍵入聊天內容。

(3) 下端視窗操作設計(Bottom Window)：提供使用者登入與鍵入聊天內容。

(4) 上端視窗操作設計(Top Window)：每隔一短暫時間(本節範例設定為 5 秒)，讀取資料庫之聊天內容，印出顯示於網頁上端視窗。

(5) 通連記錄檢視(Communication Record)：為了某種安全原因，我們可能需要檢視聊天記錄，將多個資料表聯結操作，印出通連記錄。

6-2 建立雲端範例資料庫(Establish Cloud Database)

依本系列書上冊第七章，於本書光碟目錄 C:\BookCldApp2\Program\ch06\Database 建立資料庫 CloudTalk.accdb，於操作前，先建立 2 個基本資料表，且以 "CloudTalk" 為資料來源名稱作 ODBC 設定。

資料表 talkINFO 用以提供儲存通話訊息，包括欄位編號：為自動次序編碼，方便選擇通話數量顯示；欄位名稱：用以記錄發話者名稱；欄位訊息：用以儲存通話內容。(本例管理員於建立資料表時，先填入一筆歡迎訊息)

資料表 loginINFO 用以發話者登入時之資料，包括欄位時間索引：以時間為搜尋索引；時間：儲存時間字串；欄位名稱：儲存登入者名稱；欄位網址：記錄登入者之來源網址。

6-3 建立網頁分割

參考本系列書上冊第四章，將本章範例網頁分隔成上下端兩個視窗，上端視窗(Top Window) 用於印出聊天內容，下端視窗(Bottom Window) 提供使用者登入與鍵入聊天內容。

> **範例 103**：設計檔案 01TalkPage.jsp，功能分割網頁成上下端兩個視窗。

(1) 設計檔案 01TalkPage.jsp：(建立聊天架構網頁，功能分割網頁成上下端兩個視窗，編輯於光碟 C:\BookCldApp2\Program\ch06)

```
01 <HTML>
02 <HEAD>
03 <TITLE>TalkPage</TITLE>
04 </HEAD>
05 <FRAMESET ROWS= " 70%, 30%" >
06   <FRAME NAME= "Top" SRC= "05ReadData.jsp">
```

```
07   <FRAME NAME= "Bottom" SRC= "02Login.html">
08  </FRAMESET>
09  </HTML>
```

列 05~08 功能分割網頁成上下端兩個視窗。

列 05　　　上端視窗佔 70%空間，下端視窗佔 30%空間。

列 06　　　上端視窗驅動執行 05ReadData.jsp。

列 07　　　下端視窗驅動執行 02Login.html。

(2) 為了避免前章同名稱程式檔案之干擾，依附件 B **重新安裝 Tomcat 系統**。

(3) 執行檔案 01TalkPage.jsp：(參考本系列書上冊範例 02、或本書附件 B 範例 firstJSP)

　(a) 為了測試設計是否完整，將本例光碟 C:\BookCldApp2\Program\ch06 內 5 個檔案複製至目錄：C:\Program Files\Java\Tomcat 7.0\webapps\ examples

　(b) 重新啟動 Tomcat。

　(c) 使用者開啟瀏覽器，使用網址：http://163.15.40.242:8080/examples/ 01TalkPage.jsp，其中 163.15.40.242 為網站主機之 IP，8080 為 port。(注意：讀者實作時應將 IP 改成自己雲端網站之 IP)

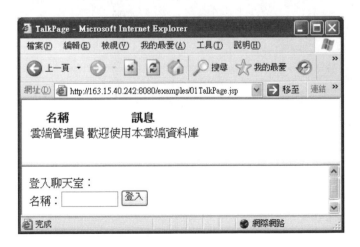

6-4 網頁下端視窗操作設計(Bottom Window)

本章聊天架構雲端網頁,功能分割成上下端兩個視窗,本節設計下端視窗(Bottom Window)提供使用者登入與鍵入聊天內容。設計功能包括:

(1) 使用者登入時,鍵入名稱;系統自動捕捉登入時間,登入者網址;並立即將此登入者名稱、登入時間、登入者網址,寫入資料表 loginINFO。

(2) 設計文字方塊,接受使用者鍵入聊天內容,並立即寫入資料表 talkINFO。

> **範例 104**:設計檔案 02Login.html、03LoginWriteDB.jsp、04DataWriteDB.jsp,設計聊天架構雲端網頁之下端視窗,提供使用者登入與鍵入聊天內容。

(1) 設計檔案 02Login.html:(設計表單,接受鍵入登入者名稱,驅動執行 03LoginWriteDB.jsp,編輯於光碟 C:\BookCldApp2\Program\ch06)

```
01 <HTML>
02 <HEAD>
03 <TITLE>login</TITLE>
04 </HEAD>
05 <BODY>
06 <FORM METHOD="post" ACTION="03LoginWriteDB.jsp">
07 <p align="left">
08 登入聊天室:<br>
09 名稱:<INPUT TYPE= "text" NAME= "loginName" SIZE= "10">
10 <INPUT TYPE="submit" VALUE="登入">
11 </p>
12 </FORM>
13 </BODY>
14 </HTML>
```

列 08~09 設計表單,接受鍵入登入者名稱。

列 10　　配合列 06,驅動執行 03LoginWriteDB.jsp。

(2) 設計檔案 03LoginWriteDB.jsp:(自動捕捉登入時間、登入者網址,併同登入者名稱寫入資料表 loginINFO)

```
01 <%@ page contentType="text/html;charset=big5" %>
02 <%@ page import= "java.sql.*, java.util.Date" %>
03 <html>
```

```
04 <head><title>loginWriteDB</title></head><body>
05 <%
```

//連接資料庫
```
06  String JDriver = "sun.jdbc.odbc.JdbcOdbcDriver";
07  String connectDB="jdbc:odbc:CloudTalk";

08  Class.forName(JDriver);
09  Connection con = DriverManager.getConnection(connectDB);
10  Statement stmt = con.createStatement();
```

//讀取前網頁表單輸入之登入者名稱
```
11  request.setCharacterEncoding("big5");
12  String nameStr = request.getParameter("loginName");
```

//監督前網頁表單是否填寫妥當
```
13  if(nameStr=="")   {
14    out.print("資料填寫未完成");
15    %><br>
16    <a href= "01TalkPage.jsp" target= "_top">按此重新輸入</a>
17    <%
18  }
19  else   {
```

//捕捉登入時間、登入者網址
```
20    Date T= new Date();
21    int year = (T.getYear() + 1900);
22    int month = T.getMonth() + 1;
23    int date = T.getDate();
24    int hours = T.getHours();
25    int minutes = T.getMinutes();
26    int seconds = T.getSeconds();
27    String timeKey= String.format("%02d:%02d:%02d:%02d:%02d:%02d",
                     year, month, date, hours, minutes, seconds);
28    String timeStr= T.toLocaleString();
29    String addrStr= request.getRemoteAddr();
```

//設定 SQL 指令，將資料寫入資料庫
```
30    String sql= "INSERT INTO loginINFO(時間索引, 時間, 名稱, 網址)" +
                  "VALUES('" + timeKey + "','" + timeStr + "','" +
                  nameStr + "','" + addrStr + "')";
31    stmt.executeUpdate(sql);
32  }
```

```
//關閉資料庫
33  stmt.close();
34  con.close();

//驅動執行 04DataWriteDB.jsp
35  session.setAttribute("loginName", nameStr);
36  out.print("<FORM ACTION=04DataWriteDB.jsp " +
            "METHOD=post>");
37  out.print("<TEXTAREA NAME= talkData  ROWS=3 COLS=45></TEXTAREA>");
38  out.print("<INPUT TYPE=submit VALUE=\"輸入訊息\">");
39  %>
40  </body>
41  </html>
```

列 06~10 宣告變數連接資料庫，建立資料庫操作物件。

列 11~12 讀取前頁表單輸入之登入者名稱。

列 13~18 監督前網頁表單是否填寫妥當，如果未填妥，返回首頁。

列 20~28 捕捉登入時間。(參考本系列書上冊第九章)

列 29 使用預設物件 request 之方法程序 getRemoteAddr()，捕捉拜訪者網址。

列 30~32 設定 SQL 指令，將資料寫入資料庫。

列 33~34 關閉資料庫。

列 35~38 驅動執行 04DataWriteDB.jsp。

列 35 以登入者名稱建立網頁 session 接續碼。

(3) 設計檔案 04DataWriteDB.jsp：(延續 03LoginWriteDB.jsp，將資料寫入資料表 loginINFO)

```
01  <%@ page contentType="text/html;charset=big5" %>
02  <%@ page import= "java.sql.*, java.util.Date" %>
03  <html>
04  <head><title>DataWriteDB</title></head><body>
05  <%

//連接資料庫
06  String JDriver = "sun.jdbc.odbc.JdbcOdbcDriver";
07  String connectDB="jdbc:odbc:CloudTalk";
```

```
08  Class.forName(JDriver);
09  Connection con = DriverManager.getConnection(connectDB);
10  Statement stmt = con.createStatement();

//讀取前網頁文字方塊之輸入聊天內容
11  request.setCharacterEncoding("big5");
12  String talkStr = request.getParameter("talkData");

//從 session 網頁接續值，讀取前網頁登入者之名稱
13  session= request.getSession();
14  String nameStr= session.getAttribute("loginName").toString();

//監督前網頁表單是否填寫妥當
14  if(talkStr=="")  {
        out.print("資料填寫未完成");
        %><br>
        <a href= "01TalkPage.jsp" target= "_top">按此重新輸入</a>
        <%
15  }

//設定 SQL 指令，將登入者名稱與聊天內容寫入資料庫
16  else  {
17      String sql= "INSERT INTO talkINFO(名稱, 訊息)" +
                    "VALUES('" + nameStr + "','" + talkStr + "')";

18     stmt.executeUpdate(sql);
19  }

//關閉資料庫
20   stmt.close();
21   con.close();

//驅動本身程式，等待輸入下一筆聊天內容
22  out.print("<FORM ACTION=04DataWriteDB.jsp " +
            "METHOD=post>");
23  out.print("<TEXTAREA NAME= talkData  ROWS=3 COLS=45></TEXTAREA>");
24  out.print("<INPUT TYPE=submit VALUE=\"輸入訊息\">");
25  %>
26  </body>
27  </html>
```

列 06~10 宣告變數連接資料庫，並建立操作物件。

列 11~12 讀取前網頁文字方塊之輸入聊天內容。

列 13~14 從 session 網頁接續值，讀取前網頁登入者之名稱。

列 14~15 監督前網頁表單是否填寫妥當，如果未填妥，則返回首頁。

列 16~19 設定 SQL 指令，將登入者名稱與聊天內容寫入資料庫。

列 20~21 關閉資料庫。

列 22~24 驅動本身程式，等待輸入下一筆聊天內容。

(4) 執行檔案 **02Login.html、03LoginWriteDB.jsp、04DataWriteDB.jsp**：(參考本系列書上冊範例 02、或本書附件 B 範例 firstJSP)

  (a) 為了測試設計是否完整，檢視已將本例光碟 C:\BookCldApp2\Program\ch06 內 5 個檔案複製至目錄：C:\Program Files\Java\Tomcat 7.0\webapps\examples

  (b) 重新啟動 Tomcat。

  (c) 使用者開啟瀏覽器，使用網址：http://163.15.40.242:8080/examples/01TalkPage.jsp，其中 163.15.40.242 為網站主機之 IP，8080 為 port。(注意：讀者實作時應將 IP 改成自己雲端網站之 IP)

  (d) 鍵入登入者名稱(本例為賈蓉生) \ 按 登入。

(e) 鍵入聊天內容(本例為第 1 個聊天內容)＼按 輸入訊息。

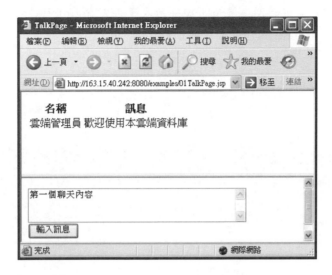

(f) 等待輸入下一筆聊天內容。(聊天內容將立即顯示於上端網頁，將於下一
節詳細解說)

(g) 檢視資料庫。(當按輸入訊息後,立即將名稱、聊天訊息輸入資料表 talkINFO;將時間、名稱、網址輸入資料表 loginINFO)

6-5 網頁上端視窗操作設計(Top Window)

於前節,我們於網頁下端視窗,將聊天內容鍵入文字方塊,再傳遞輸入至雲端資料庫。於本節,我們設計程式,每隔一短暫時間(本節範例設定為 5 秒),讀取資料庫之聊天內容,印出顯示於網頁上端視窗。如此架構可輕巧完成聊天功能。

> **範例 105:**設計檔案 05ReadData.jsp,**設計聊天架構雲端網頁之上端視窗,印出聊天內容。**

(1) 設計檔案 05ReadData.jsp:(讀取資料庫之聊天內容,於網頁上端視窗印出最多 11 筆內容,C:\BookCldApp2\Program\ch06)

```
01 <%@ page contentType= "text/html;charset=big5" %>
02 <%@ page import= "java.sql.*, java.io.*, java.util.Date" %>
03 <% Date T= new Date(); %>
04 <html>
05 <head><title>ReadData</title></head><body>
06 <%
07   response.addIntHeader("refresh", 5);
```

```
//宣告變數，連接資料庫
08   String JDriver = "sun.jdbc.odbc.JdbcOdbcDriver";
09   String connectDB="jdbc:odbc:CloudTalk";
10   StringBuffer sb = new StringBuffer();
11   String objStr= "";
12   int maxInt= 0, workInt= 0;

13   Class.forName(JDriver);
14   Connection con = DriverManager.getConnection(connectDB);
15   Statement stmt = con.createStatement();

16   request.setCharacterEncoding("big5");
```

//設定 SQL 指令，求取欄位自動編號之最大值
```
17   String sql1="SELECT MAX(編號) AS max_index FROM talkINFO";

18   if (stmt.execute(sql1))
        {
          ResultSet rs = stmt.getResultSet();
          ResultSetMetaData md = rs.getMetaData();
          int colCount = md.getColumnCount();
          while (rs.next())
            {
              for (int i = 1; i <= colCount; i++)
                {
                    Object obj = rs.getObject(i);
                    objStr= obj.toString();
                }
            }
19   }
20   maxInt= Integer.parseInt(objStr);
```

//設定 SQL 指令，從資料庫讀取最多 11 筆之最新聊天內容，印出於網頁上視窗
```
21   workInt= maxInt - 10;

22   String sql2="SELECT 名稱, 訊息 FROM talkINFO " +
                "WHERE 編號>= " + workInt + ";";

23   if (stmt.execute(sql2))
        {
          ResultSet rs = stmt.getResultSet();
          ResultSetMetaData md = rs.getMetaData();
          int colCount = md.getColumnCount();
```

```
           sb.append("<TABLE CELLSPACING=1><TR>");
           for (int i = 1; i <= colCount; i++)
           sb.append("<TH>" + md.getColumnLabel(i));
           while (rs.next())
              {
              sb.append("<TR>");
              for (int i = 1; i <= colCount; i++)
                 {
                 sb.append("<TD>");
                 Object obj = rs.getObject(i);
                 if (obj != null)
                     sb.append(obj.toString());
                  else
                     sb.append(" ");
                 }
              }
              sb.append("</TABLE>\n");
24         }
25      else
26         sb.append("<B>Update Count:</B> " +
                 stmt.getUpdateCount());

27  String result= sb.toString();
28  out.print(result);

//關閉資料庫
29  stmt.close();
30  con.close();
31  %>
32  </body>
33  </html>
```

列 07   使用預設物件 response 之方法程序 addHeader(String name, String value)，控制網頁每 5 秒重整一次。

列 08~15 宣告變數，連接資料庫，建立操作物件。

列 17~22 設定 SQL 指令，求取資料表 talkINFO 欄位自動編號之最大值。

列 21~28 設定 SQL 指令，從資料庫讀取最多 11 筆之最新聊天內容，印出於網頁上視窗。

列 21   依最新自動編號，求取最近 11 筆聊天內容之起始編號。

列 23~24 於網頁上視窗，印出最多 11 筆最新聊天內容。

(2) 執行檔案 05ReadData.jsp：(參考本系列書上冊範例 02、或本書附件 B 範例 firstJSP)

(a) 為了測試設計是否完整，檢視已將本例光碟 C:\BookCldApp2\Program\ch06 內 5 個檔案複製至目錄：C:\Program Files\Java\Tomcat 7.0\webapps\examples

(b) 重新啟動 Tomcat。

(c) 使用者開啟瀏覽器，使用網址：http://163.15.40.242:8080/examples/01TalkPage.jsp，其中 163.15.40.242 為網站主機之 IP，8080 為 port。(注意：讀者實作時應將 IP 改成自己雲端網站之 IP)

(d) 鍵入登入者名稱(本例為林金池) \ 按 登入。

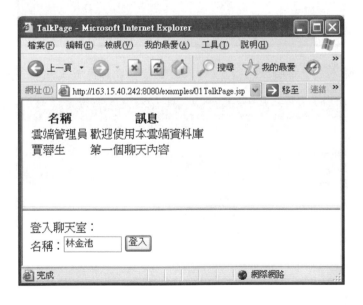

(e) 鍵入聊天內容(本例為延續前例繼續聊天)\ 按 輸入訊息。

(f) 等待輸入下一筆聊天內容。(聊天內容將立即顯示於上端網頁)

(g) 讀者可嘗試在多個不同網路電腦，開啟本例雲端網頁，體驗聊天功能。

6-6 通連記錄檢視(Communication Record)

於前節，我們已完成雲端聊天室之設計，將每筆聊天內容資料儲存於資料表 talkINFO，將每筆登入資料儲存於資料表 loginINFO。

為了某種安全原因，我們可能需要檢視聊天記錄，但因各類資料分別儲存於不同的資料表，無法輕易顯出綜合全貌，此時，我們可參考本系列書上冊第七章(7-5 節) 曾述及的雲端資料庫合作處理方法，將多個資料表聯結操作。

使用本系列書上冊第七章(7-3 節) 多用途雲端資料庫執行網頁之 DBwork.html、DBwork.jsp，設計 SQL 指令，將雲端資料庫 CloudTalk 之資料表 loginINFO、talkINFO 作聯結，取欄位 "時間" "名稱" "訊息" "網址" 之對應內容，建立通連記錄。

> **範例 106**：使用本系列書上冊第七章(7-3 節) 多用途雲端資料庫執行網頁之 DBwork.html、DBwork.jsp，設計 SQL 指令，將資料表 loginINFO、talkINFO 聯結，取欄位 "時間" "名稱" "訊息" "網址" 之對應內容，建立通連記錄。

(1) 設計建立閱讀通連記錄之 SQL 指令：(參考本系列書上冊第七章)

　　SELECT loginINFO.時間, loginINFO.名稱, talkINFO.訊息,

　　　　　　loginINFO.網址

　　FROM loginINFO **INNER JOIN** talkINFO

　　ON loginINFO.名稱 = talkINFO.名稱

(2) 執行建立通連記錄：(參考本系列書上冊第七章範例 29 執行步驟)

　(a) 將本例光碟 C:\BookCldApp2\Program\ch06\6_6 內檔案 DBwork.html、DBwork.jsp 複製至目錄：C:\Program Files\Java\Tomcat 7.0\webapps\examples

　(b) 重新啟動 Tomcat。

(c) 使用者開啟瀏覽器，使用網址：http://163.15.40.242:8080/examples/ DBwork.html，其中 163.15.40.242 為網站主機之 IP，8080 為 port。(注意：讀者實作時應將 IP 改成自己雲端網站之 IP)

(d) 鍵入雲端資料庫名稱(本例為 CloudTalk)、與項(1) 之 SQL 指令＼按 **遞送**。

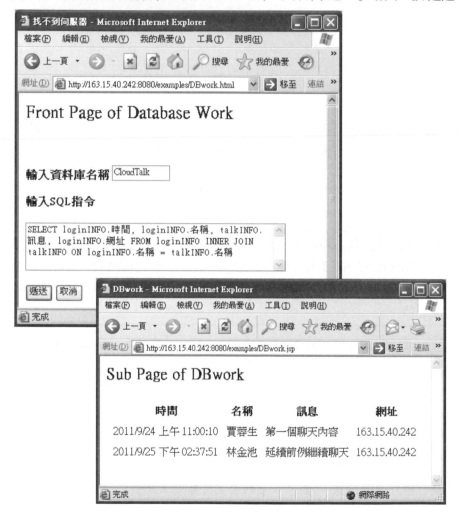

當資料庫內容資料過多，我們可以時間區段，擷取需要時段之內容資料，建立特定通連記錄。

範例 107：參考範例 106，設定時間區段通連記錄。

(1) 設計建立閱讀通連記錄之 **SQL** 指令：

SELECT loginINFO.時間, loginINFO.名稱, talkINFO.訊息,

loginINFO.網址

FROM loginINFO **INNER JOIN** talkINFO

ON loginINFO.名稱 = talkINFO.名稱

WHERE loginINFO.時間索引>= '2011:07:01:00:00:00'

AND loginINFO.時間索引<= '2011:12:31:59:59:59'

(2) 執行建立通連記錄：(參考本系列書上冊第七章範例 29 執行步驟)

(a) 檢視已將本例光碟 C:\BookCldApp2\Program\ch06\6_6 內檔案 DBwork. html、DBwork.jsp 複製至目錄：C:\Program Files\Java\Tomcat 7.0\ webapps\examples

(b) 重新啟動 Tomcat。

(c) 使用者開啟瀏覽器，使用網址：http://163.15.40.242:8080/examples/ DBwork.html，其中 163.15.40.242 為網站主機之 IP，8080 為 port。(注意：讀者實作時應將 IP 改成自己雲端網站之 IP)

(d) 鍵入雲端資料庫名稱(本例為 CloudTalk)、與項(1) 之 SQL 指令 \ 按 遞送。

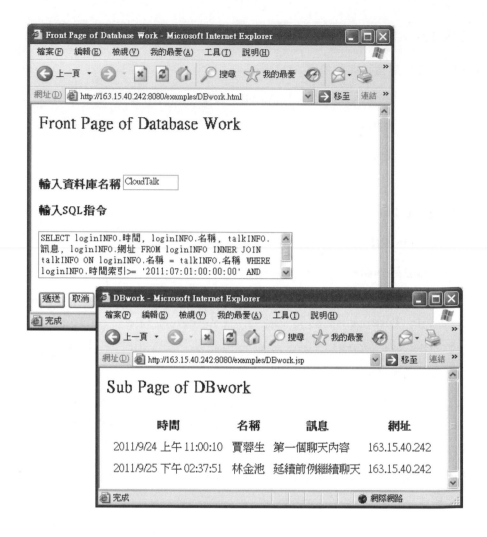

6-7 習題(Exercises)

1、試請嘗試在多個不同網路電腦，開啟本章雲端網頁，體驗相互聊天功能。

2、試請設計 SQL 指令，讀取特定名稱之通連記錄。

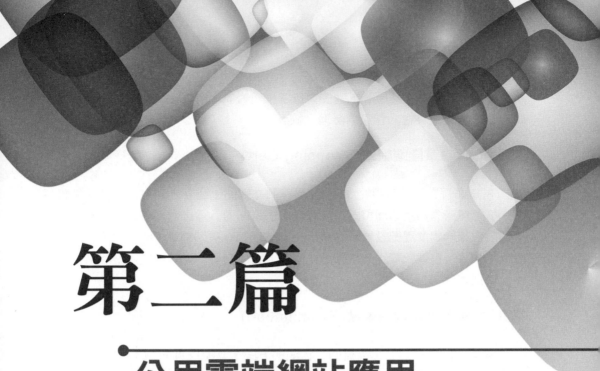

第二篇

公用雲端網站應用
Public Cloud

　　雲端應用可分為：公用雲端(Public Cloud)、社群雲端(Community Cloud)、私用雲端(Private Cloud)、與混合雲端(Hybrid Cloud)。

　　私用雲端用於小範圍，特別是機關行號，為了便行業務推行，不受干擾，建立此類雲端，提供單純有效運算功能，於本系列書上冊，我們已就代表性行業，配合不同型態營運需求，列出操作流程，設計實用雲端網站網頁。

　　公用雲端用於大範圍，即提供一般大眾之生活電腦運算功能(Utility Computing Basis)，使用者以網路連通雲端網站，開啟網站網頁，與網站互動執行一般電腦功能。本書第一篇，已介紹雲端網站公用訊息之應用，本篇再就代表性之公共需求，列出操作流程，設計實用雲端網站網頁。

第七章 線上選舉投票雲端網站(On Line Voting)

　　民主社會亦可謂是投票社會，凡遇僵持不下的問題，投票解決。但投票解決問題需要是公正、效率，否則也會淪為有心人的一種利用工具。為了達到公正目標，應設計投票人只有一張票，選委會先建立投票人名冊，投票前依名冊檢驗投票人合法身份，領取選票後，立即註明已投票，同時失效再投票身份。

為了達到效率目標，應設計迅速安全傳遞投票資訊，使各投票點之投票結果得以順利傳遞至選委會，作正確無誤之統計。

第八章 購物車雲端網站(Shopping Cart)

在商業行為競爭激烈的今日，如果我們在網路上建立一個自己設計的銷售站，不僅可節省昂貴店面租金，且可利用網路四通八達之通路特性，達到銷售亨通之效果。本章實例設計購物車(Shopping Cart) 雲端網站，消費大眾只要開啟網站網頁，點選要購物品，即可在網路上完成交易，網站管理員整理購物資料，快捷寄達客戶。

第九章 線上考試雲端網站(Examination)

線上考試是目前非常慣見的一種測驗方式，其型態可分為：(1)試題網頁同時顯示全部試題，考生作答完畢後，一次輸入答案；(2)試題網頁每次只顯示一題，考生依序作答一題，輸入答案一次。前者為老舊型態，後者為新式型態(如托福測驗、汽車執照考試等)，因是一題一題作答，當答錯中階程度試題之後，系統立即安排進入低階程度試題，反之進入高階程度試題，使測試效果更為精準。

第十章 問卷調查投票(Questionnaire Survey)

在今日工商忙碌的生活型態，問卷調查已成為決策研判與製訂的一項重要依據。本章將介紹如何設計線上問卷調查，其步驟為：(1)於網頁列出所有調查問題，讓參與者先建立全盤概念；(2)再依序各問題個別陳列，並等待參與者點選滿意度；(3)統計調查結果，並以百分比列出滿意比例。

第十一章 網路競標(Network Bid)

網路商品販售，已是今日重要的商業行為，免除店面負擔，又可廣大通路，在型式上可分為：(1)商品固定價格(如第八章)、(2)商品競標價格(如本章)，前者如一般銷售方式，由賣方設定價碼，買方不二價購買；後者賣方不設定價碼(或僅設定底標)，由買方競價。本章範例為後者 "商品競價"，網路列出競標商品，購買者從中選定商品，提出較原標價為高之價格競標，結止時，由出價最高者得標。

第 **07** 章

線上選舉投票雲端網站
On Line Voting

7-1 簡介

　　民主社會亦可謂是投票社會，凡遇僵持不下的問題，投票解決。但投票解決問題需要是公正、效率，否則也會淪為有心人的一種利用工具。

　　為了達到公正目標，應設計投票人只有一張票，選委會先建立投票人名冊，投票前依名冊檢驗投票人合法身份，領取選票後，立即註明已投票，同時失效再投票身份。

　　為了達到效率目標，應設計迅速安全傳遞投票資訊，使各投票點之投票結果得以順利傳遞至選委會，作正確無誤之統計。

　　本章將以範例引導設計雲端線上投票系統，投票者只要開啟雲端網頁，即可完成投票流程，本章範例考量：(1)確定候選標的、(2)確定有投票資格的人。本章把握此兩項重點，設計一個最簡單，且立刻可以使用的投票系統。本章範例考量項目有：

(1) **設計雲端網頁分隔**：(a)上端用於網頁標題、(b)中左端用於操作選項、(c)中右端用於執行操作、(d)下端用於返回首頁。

(2) **建立雲端範例資料庫 CloudVote.accdb**：(a)建立資料表 Informations，用於設定候選標的、與票選結果；(b)建立資料表 VoteName，用於設定有投票資格的人。

(3) **投票操作**：(a)設計選票格式；(b)監視只有投票資格的人才可執行投票操作；(c)將投票結果加入資料表 Informations。

(4) **檢視投票結果**：讀取 Informations 內容，檢視投票結果。

7-2 建立範例資料庫(Data Base)

　　依本系列書上冊第七章，於本書光碟目錄 C:\BookCldApp2\Program\ch07\Database 建立雲端資料庫 CloudVote.accdb，於操作前，先建立 2 個基本資料表，且以 "CloudVote" 為資料來源名稱作 ODBC 設定。

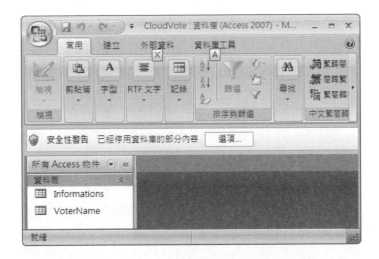

資料表 Information 提供雲端管理員，先填入候選標的，包括欄位編號：用於候選標的之序號；欄位名稱：用於候選標的之名稱；欄位票數：用於統計得票數量，每有一票，即加 1，初始值為 0。(雲端管理員於投票開始前，先填入各欄資料)

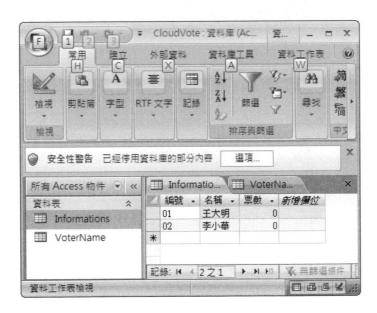

資料表 VoterName 用以提供儲存合法投票人名冊,包括欄位編號:用於合法投票人之身份証字號;欄位名稱:用於合法投票人名稱;欄位已投票:用於監督是否已投票,未投票為 0,已投票為 1,確保每人只能投票一次。

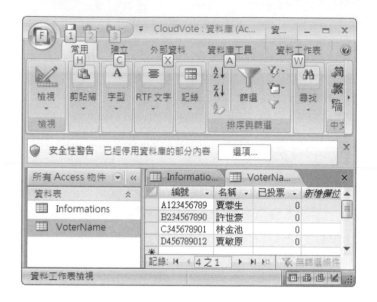

7-3 網頁分隔架構(Page Structure)

參考本系列書上冊第四章,將本章範例網頁分隔成上、中左、中右、下 4 個區塊。於上端區塊,印出網頁標題;於中左端區塊控制執行項目,執行於中右端區塊;於下端區塊設定返回首頁機制。

> **範例 108**:設計檔案 01VotePage.jsp、02VoteTop.jsp、03VoteMid_1.jsp、04VoteMid_2.jsp、05VoteBtm.jsp,**建立網頁分隔**。

(1) 設計檔案 01VotePage.jsp (建立上、中左、中右、下網頁 4 區塊分隔位置與比例,編輯於 C:\BookCldApp2\Program\ch07)

```
01 <HTML>
02 <HEAD>
03 <TITLE>VotePage</TITLE>
```

```
04 </HEAD>
05 <FRAMESET ROWS= "15%, 75%, 10%" >
06  <FRAME NAME= "VoteTop" SRC= "02VoteTop.jsp">
07  <FRAMESET COLS= "20%,*">
08    <FRAME NAME= "VoteMid_1" SRC= "03VoteMid_1.jsp">
09    <FRAME NAME= "VoteMid_2" SRC= "04VoteMid_2.jsp">
10  </FRAMESET>
11  <FRAME NAME= "VoteBtm" SRC= "05VoteBtm.jsp">
12 </FRAMESET>
13 </HTML>
```

列 05　　設定區塊空間分配比例。

列 06~12 設定各區塊超連接之執行檔案。

(2) 設計檔案 02VoteTop.jsp (執行於網頁上端區塊，用於網頁標題)

```
01 <%@ page contentType="text/html;charset=big5" %>
02 <html>
03 <head><title>VoteTop</title></head>
04 <body>
05 <h1 align= "center">投票系統</h1>
06 </body>
07 </html>
```

列 05　　印出訊息。

(3) 設計檔案 03VoteMid_1.jsp (於中左端區塊控制執行項目，執行結果顯示於中右端區塊)

```
01 <%@ page contentType="text/html;charset=big5" %>
02 <html>
03 <head><title>VoteMid_1</title></head>
04 <body>
05  <A HREF= "06Voter.html" TARGET= "VoteMid_2">投票操作</A><p>
06  <A HREF= "10CheckResult.jsp" TARGET= "VoteMid_2">投票結果
07 </body>
08 </html>
```

列 05~06 於中左端控制執行項目，執行結果顯示於中右端區塊。

(4) 設計檔案 04VoteMid_2.jsp (於中右區塊印出訊息)

```
01 <%@ page contentType="text/html;charset=big5" %>
02 <html>
```

```
03 <head><title>VoteMid_2</title></head>
04 <body>
05 <align= "left">系統執行區
06 </body>
07 </html>
```

列 05　　印出訊息。

(5) 設計檔案 05VoteBtm.jsp (於下端區塊設定返回首頁機制)

```
01 <%@ page contentType="text/html;charset=big5" %>
02 <html>
03 <head><title>VoteBtm</title></head>
04 <body>
05 <a href= "01VotePage.jsp" target= "_top">回首頁</a>
06 </body>
07 </html>
```

列 05　　於下端區塊設定返回首頁機制。

(6) 為了避免前章同名稱程式檔案之干擾，依附件 B **重新安裝 Tomcat** 系統。

(7) 執行項(1)~(5)檔案：(參考本系列書上冊範例 02、或本書附件 B 範例 firstJSP)

　(a) 為了測試設計是否完整，將本例光碟 C:\BookCldApp2\Program\ch07 內 10 個檔案複製至目錄：C:\Program Files\Java\Tomcat 7.0\webapps\ examples

　(b) 重新啟動 Tomcat。

　(c) 使用者開啟瀏覽器，使用網址：http://163. 15.40.242:8080/exam ples/01VotePage.jsp ，其中 163.15.40.242 為網站主機之 IP， 8080 為 port。(注意： 讀者實作時應將 IP 改 成自己雲端網站之 IP)

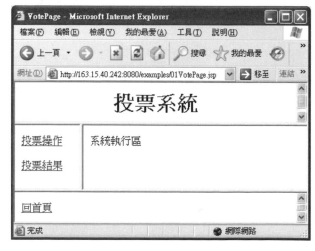

7-4 投票操作(Vote Operation)

投票者於任意網路投票點開啓本例網頁,於中左端點選 "投票操作" 執行投票。投票系統設計,必須要考量:(1)預先設定候選標的(本章範例設定於 Informations);(2)投票者需具有合法投票資格(本章範例安排於 VoteName),且只能投票一次。

> **範例 109**:設計檔案 06Voter.html、07Voter.jsp、08ReadForm.jsp、09WriteForm.jsp,使用資料庫 CloudVote.accdb,**提供投票操作。**

(1) 設計檔案 06Voter.html:(執行顯示於網頁之中右區塊,建立表單,等待投票者輸入編號與名稱,並驅動執行 07Voter.jsp,編輯於 C:\BookCldApp2\Program\ch07)

```
01 <HTML>
02 <HEAD>
03 <TITLE>Voter Authority</TITLE>
04 </HEAD>
05 <BODY>
06 <FORM METHOD="post" ACTION="07Voter.jsp">
07 <p align="left">
08 <font size="5"><b>投票者認證</b></font>
09 </p>
10 <p>   </p>
11 <p align="left">
12 投票者編號 <INPUT TYPE="text" NAME="number" SIZE="10"><br>
13 投票者名稱 <INPUT TYPE="text" NAME="name" SIZE="10">
14 </p>
15 <p>
16 <INPUT TYPE="submit" VALUE="遞送">
17 <INPUT TYPE="reset" VALUE="取消">
18 </FORM>
19 </BODY>
20 </HTML>
```

列 06 　　驅動執行 07Voter.jsp。

列 12~13 建立表單,等待投票者輸入編號與名稱。

(2) 設計檔案 07Voter.jsp：（由 06Voter.html 驅動執行，執行於網頁之中右區塊，比對投票者資格，將已投票訊息寫入資料表 VoteName，並驅動執行 08ReadForm.jsp）

```
01 <%@ page contentType= "text/html;charset=big5" %>
02 <%@ page import= "java.sql.*" %>
03 <html>
04 <head><title>Voter</title></head><body>
05 <p align="left">
06 <font size="5"><b>投票者選項操作</b></font></p><p>
07 <%

//設定網頁 session 接續碼
08   session = request.getSession();
09   session.setAttribute("Voter", "true");

//宣告變數，連接資料庫，讀取前網頁表單之輸入資料
10   String JDriver = "sun.jdbc.odbc.JdbcOdbcDriver";
11   String connectDB="jdbc:odbc:CloudVote";

12   Class.forName(JDriver);
13   Connection con = DriverManager.getConnection(connectDB);
14   Statement stmt = con.createStatement();

15   request.setCharacterEncoding("big5");
16   String numStr = request.getParameter("number");
17   String nameStr = request.getParameter("name");

//設定 SQL 指令，確認該投票人是否已曾投票
18   String sql1="SELECT *  FROM VoterName WHERE 編號='" +
                 numStr + "'AND 名稱='" + nameStr + "';";

19   ResultSet rs1= stmt.executeQuery(sql1);
20   boolean flag= false;
21   int already= 0;

22   while(rs1.next()) {
23     flag= true;
24     already= rs1.getInt("已投票");
25   }

//設定 SQL 指令，標註該投票人已參與投票操作
```

```
26   int madeAlready= 1;
27   String sql2="UPDATE VoterName SET " +
                 "已投票=" + madeAlready +
                 " WHERE 編號='" + numStr + "';" ;
28   stmt.executeUpdate(sql2);

//監督投票操作，如果未填妥表單、或為非法投票人，則返回首頁
29   if((numStr== "") || (nameStr== "") || (flag== false) || (already== 1)) {
30       out.print("<p><A HREF=");
31       out.print("'01VotePage.jsp'");
32       out.print(" TARGET=");
33       out.print("'_top'");
34       out.print(">您未填妥資料或資格不符!!請按此回首頁</A></p>");
35   }

//驅動 08ReadForm.jsp，領取投票單
36   else {
37       out.print("本頁爲經過認證之合法網頁!!");
38       out.print("</p><p>    </p><p>");
39       out.print("<A HREF=");
40       out.print("'08ReadForm.jsp'");
41       out.print(" TARGET=");
42       out.print("'VoteMid_2'");
43       out.print(">領取選票</A></p><p>");
44   }

//關閉資料庫
45   stmt.close();
46   con.close();
47   %>
48   </body>
49   </html>
```

列 08~09 設定網頁 session 接續碼，確定下一個被驅動網頁之安全性。

列 10~14 連接資料庫，建立資料庫操作物件。

列 15~17 宣告變數，讀取前網頁表單之輸入資料。

列 18~25 設定 SQL 指令，確認該投票人是否已曾投票。

列 18　　設定 Sql 指令，比對投票者之輸入編號名稱、與資料庫原儲存之編號名稱。

列 20~25 以投票者之輸入編號、比對欄位 "已投票"，確認投票是否重複投票。

列 26~28 設定 SQL 指令,將欄位 "已投票" 設定成 1,標註該投票人已參與
投票操。

列 29~35 監督投票操作,如果未填妥表單、或為非法投票人,皆視為不得領
取選票,且返回首頁。

列 36~44 驅動 08ReadForm.jsp,領取投票單。

列 45~46 關閉資料庫。

(3) 設計檔案 08ReadForm.jsp:(由 07Voter.jsp 驅動執行,執行於網頁之中
右區塊,建立選票,等待投票者輸入票選資料,並驅動執行 09WriteForm.
jsp)

```
01 <%@ page contentType="text/html;charset=big5" %>
02 <%@ page import= "java.sql.*" %>
03 <%@ page import= "java.io.*" %>
04 <html>
05 <head><title>ReadForm</title></head><body>
06 <p align="left">
07 <font size="5"><b>票選項目</b></font>
08 </p>
09 <%

//連接資料庫
10   String JDriver = "sun.jdbc.odbc.JdbcOdbcDriver";
11   String connectDB="jdbc:odbc:CloudVote";

12   Class.forName(JDriver);
13   Connection con = DriverManager.getConnection(connectDB);
14   Statement stmt = con.createStatement();

//建立選票
15   request.setCharacterEncoding("big5");
16   String sql="SELECT * FROM Informations" ;

17   boolean flag= false;
18   session = request.getSession();
19   if(session.getAttribute("Voter") == "true") flag= true;

20   if (stmt.execute(sql) && flag)    {
21     ResultSet rs = stmt.getResultSet();
22     out.print("<FORM METHOD=post  ACTION=09WriteForm.jsp>");
```

```
23    while (rs.next()) {
24      String indexStr= rs.getString("編號");
25      String nameStr= rs.getString("名稱");
26      out.print("<INPUT TYPE=radio  NAME= voteSelect " +
                "VALUE=" + indexStr + ">" + nameStr + "<br>");
27    }
28    out.print("<INPUT TYPE=submit VALUE=\"票選\">");
29  }
```

//關閉資料庫
```
30  stmt.close();
31  con.close();
32 %>
33 </body>
34 </html>
```

列 10~14 連接資料庫，建立操作物件。

列 16　　設定 Sql 指令，讀取 Informations 之候選標的，提供建立選票。

列 17~19 觀察 session，確認本網頁是由前網頁驅動，是合法網頁。

列 20~29 如果為合法網頁，即以列 16 之 Sql 指令製作有選擇鈕的選票，並驅動 09WriteForm.jsp 執行投票。

列 30~31 關閉資料庫。

(4) 設計檔案 09WriteForm.jsp：(由 08ReadForm.jsp 驅動執行，執行於網頁之中右區塊，將投票結果加入資料表 Informations)

```
01 <%@ page contentType="text/html;charset=big5" %>
02 <%@ page import= "java.sql.*, java.util.Date" %>
03 <html>
04 <head><title>LoginAddr</title></head><body>
05 <%
```

//連接資料庫
```
06  String JDriver = "sun.jdbc.odbc.JdbcOdbcDriver";
07  String connectDB="jdbc:odbc:CloudVote";

08  Class.forName(JDriver);
09  Connection con = DriverManager.getConnection(connectDB);
10  Statement stmt = con.createStatement();
```

//讀取前網頁選擇鈕之候選標的序號

```
11  request.setCharacterEncoding("big5");
12  String voteStr = request.getParameter("voteSelect");

//監督是否妥當投票
13  if(voteStr== null)  {
14     out.print("<p><A HREF=");
15     out.print("'01VotePage.jsp'");
16     out.print(" TARGET=");
17     out.print("'_top'");
18     out.print(">票選未完成!!請按此回首頁</A></p>");
19  }

//設定 SQL 指令，於資料表 Informations 統計得票數
20  else {
21     String sql1="SELECT *  FROM Informations WHERE 編號='" +
                    voteStr  + "';";
22     ResultSet rs1= stmt.executeQuery(sql1);
23     rs1.next();
24     String nameStr= rs1.getString("名稱");
25     int numInt= rs1.getInt("票數") + 1;

26     String sql2="UPDATE Informations SET " +
                   "編號='" + voteStr +
                   "', 名稱='" + nameStr +
                   "', 票數=" + numInt +
                   " WHERE 編號='" + voteStr + "';" ;
27     stmt.executeUpdate(sql2);

28     out.print("票選資料已成功輸入");
29  }

//關閉資料庫
30  stmt.close();
31  con.close();
32  %>
33  </body>
34  </html>
```

列 06~10 連接資料庫，建立操作物件。

列 11~12 讀取前網頁選擇鈕之候選標的序號。

列 13~19 監督是否妥當投票，如果未填妥選擇鈕，返回首頁。

列 20~29 設定 SQL 指令，於資料表 Informations 統計得票數，完成投票。

列 30~31 關閉資料庫。

(5) 執行項(1)~(4)檔案：(參考本系列書上冊範例 02、或本書附件 B 範例 firstJSP)

　(a) 為了測試設計是否完整，檢視已將本例光碟 C:\BookCldApp2\Program\ ch07 內 10 個檔案複製至目錄：C:\Program Files\Java\Tomcat 7.0\ webapps\examples

　(b) 重新啟動 Tomcat。

　(c) 使用者開啟瀏覽器，使用網址：http://163.15.40.242:8080/examples/ 01VotePage.jsp，其中 163.15.40.242 為網站主機之 IP，8080 為 port。(注意：讀者實作時應將 IP 改成自己雲端網站之 IP)

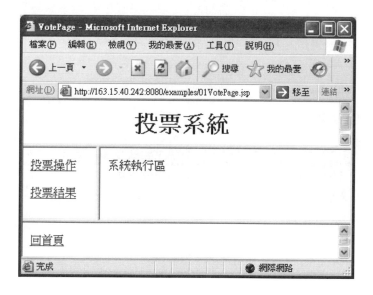

(d) 點選 **投票操作** \ 輸入合法投票人之編號姓名。

(e) 按 **領取選票**。

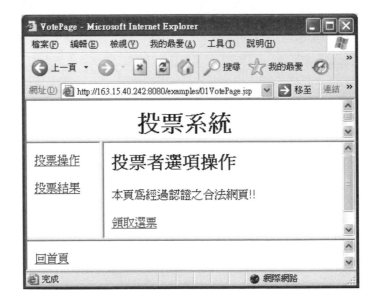

(f) 選擇鈕輸入 \ 按 票選。

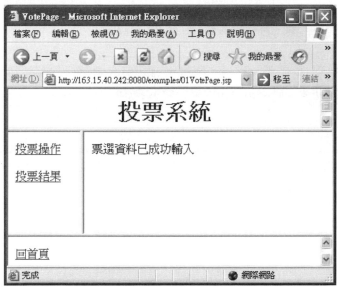

(g) 檢視 Informations。(王大明已有 1 票)

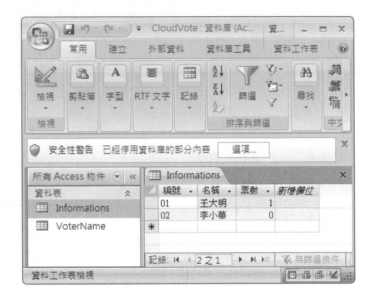

7-5 檢視投票結果(Vote Result)

　　於前數節，我們設計程式，將投票有關資料儲存於雲端資料庫，本節另設計程式檔 10CheckResult.jsp，讀出資料表 Informations 之內容，也即讀出投票結果。

> **範例 110**：設計檔案 10CheckResult.jsp，使用資料庫 CloudVote.accdb，
> 提供檢視投票結果。

(1) 設計檔案 10CheckResult.jsp（由 03VoteMid_1.jsp 驅動執行，執行顯示於網頁之中右區塊，讀取資料表 Informations 之內容）

```
01 <%@ page contentType="text/html;charset=big5" %>
02 <%@ page import= "java.sql.*" %>
03 <%@ page import= "java.io.*" %>
04 <html>
05 <head><title>CheckResult</title></head><body>
06 <p align="left">
```

```
07 <font size="5"><b>投票結果</b></font>
08 </p>
09 <%
```

//連接資料庫
```
10   String JDriver = "sun.jdbc.odbc.JdbcOdbcDriver";
11   String connectDB="jdbc:odbc:CloudVote";
12   StringBuffer sb = new StringBuffer();

13   Class.forName(JDriver);
14   Connection con = DriverManager.getConnection(connectDB);
15   Statement stmt = con.createStatement();
```

//設定 SQL 指令，讀取資料表 Informations 投票結果，並整齊印出
```
16   request.setCharacterEncoding("big5");
17   String sql="SELECT * FROM Informations" ;

18   if (stmt.execute(sql))
     {
         ResultSet rs = stmt.getResultSet();
         ResultSetMetaData md = rs.getMetaData();
         int colCount = md.getColumnCount();
         sb.append("<TABLE CELLSPACING=10><TR>");
         for (int i = 1; i <= colCount; i++)
           sb.append("<TH>" + md.getColumnLabel(i));
         while (rs.next())
           {
           sb.append("<TR>");
           for (int i = 1; i <= colCount; i++)
             {
               sb.append("<TD>");
               Object obj = rs.getObject(i);
               if (obj != null)
                 sb.append(obj.toString());
               else
                 sb.append(" ");
             }
           }
           sb.append("</TABLE>\n");
19     }
20     else
         sb.append("<B>Update Count:</B> " +
                   stmt.getUpdateCount());
```

```
21  String result= sb.toString();
22  out.print(result);

//關閉資料庫
23  stmt.close();
24  con.close();
25  %>
25  </body>
27  </html>
```

列 10~15 連接資料庫,建立資料庫操作物件。

列 17　　設定 SQL 指令,讀取資料表 Informations 投票結果。

列 18~22 執行 Sql 指令,整齊印出資料表 Informations 之內容。

列 23~24 關閉資料庫。

(2) 執行檔案 10CheckResult.jsp:(參考本系列書上冊範例 02、或本書附件 B 範例 firstJSP)

　(a) 為了測試設計是否完整,檢視已將本例光碟 C:\BookCldApp2\Program\ ch07 內 10 個檔案複製至目錄:C:\Program Files\Java\Tomcat 7.0\ webapps\examples

　(b) 重新啟動 Tomcat。

　(c) 使用者開啟瀏覽器,使用網址: http:// 163.15.40.242:8080 /examples/01VoteP age.jsp,其中 163.15. 40.242 為網站主機之 IP,8080 為 port。(注意:讀者實作時應將 IP 改成自己雲端網站之 IP)

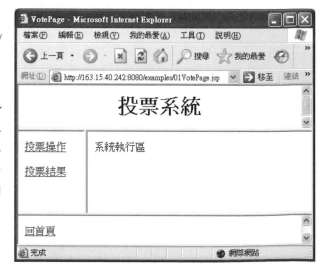

(d) 點選 投票結果。(將印出投票結果)

(3) 討論事項:

觀察本例 "投票結果",任何人只要開啟網頁,按下**投票結果**,即可隨時開票,其優點有:

(a) 開票迅速;

(b) 節省費用,不需安排開票場所,節省人力物力;

(c) 減低錯誤率,因無開票繁雜過程,不會發生人為唱票或登錄之錯誤。

其缺點有:

因是隨時開票,將會影響投票意願,產生不公平結果。

改進方案:

由選委會評估,如果當次是一種不宜隨時開票的投票活動,則限制隨時開票。(如何限制?請讀者自行思考解決方法。筆者建議最簡單方法,在允許開票前,暫不將 10CheckResult.jsp 複製入 Tomcat 系統)

7-6 習題(Exercises)

1、設計線上投票最需要預先確定的資料有哪些？

2、試請於本章範例，預置多個合法投票者，作較大規模之投票操作。

3、試使用本章範例作班長選舉操作。

4、嘗試設計如何限制隨時開票？

第08章

購物車雲端網站
Shopping Cart

8-1 簡介

　　在商業行為競爭激烈的今日，如果我們在網路上建立一個自己設計的銷售站，不僅可節省昂貴店面租金，且可利用網路四通八達之通路特性，達到銷售亨通之效果。

　　本章實例設計購物車(Shopping Cart) 雲端網站，消費大眾只要開啟網站網頁，點選要購物品，即可在網路上完成交易，網站管理員整理購物資料，快捷寄達客戶。為了周全購物功能，本章範例設計 2 組雲端網站：

1、**建立範例資料庫**：(a)資料表 Information 提供雲端管理員，先填入商品名目，(b)資料表 RegistryClient 提供客戶填入註冊基本資料，(c)資料表 OrderClient 提供雲端管理員檢視採購客戶名單

2、**公用購物雲端網站**：提供消費大眾購物，包括：(a)會員註冊、(b)購物登入、(c)商品展示、(d)商品勾選。

3、**私用管理員操作網站**：提供網站管理員專用，不對外開放，包括：(a)整理購物資料、(b)列印每件購物送貨單與帳單、(b)清理結案資料。

8-2 建立範例資料庫

　　依本系列書上冊第七章，於本書光碟目錄 C:\BookCldApp2\Program\ch08\Database 建立雲端資料庫 CloudShopping.accdb，於操作前，先建立 3 個基本資料表，且以 "CloudShopping" 為資料來源名稱作 ODBC 設定。

資料表 Information 提供雲端管理員，先填入商品名目，包括欄位編號、品名、單價。(雲端管理員依商品存貨先填入各欄資料)

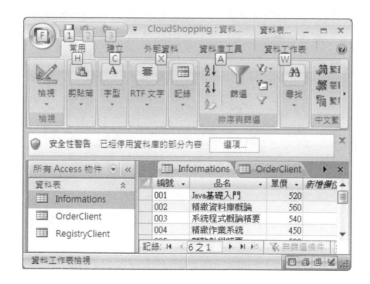

資料表 RegistryClient 提供客戶填入註冊基本資料，包括欄位証號、名稱、密碼、地址、電話。

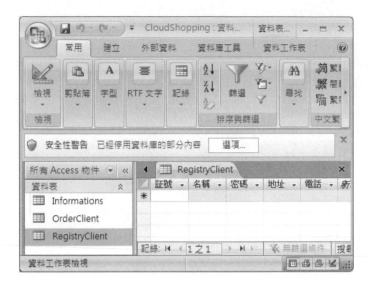

資料表 OrderClient 提供雲端管理員檢視採購客戶名單，當客戶訂購商品時，同時將証號填入本資料表，雲端管理員定期檢視，印出每件客戶送貨單(包括姓名、地址、電話、商品、價目)，交由送貨機構按址送貨、收費。

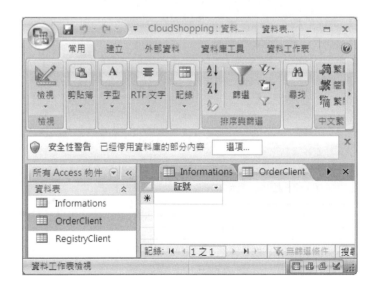

8-3 客戶購物操作與公用雲端網站(Client Shopping and the Public Cloud)

本章實例設計購物車(Shopping Cart) 設計 2 組雲端網站：公用購物雲端網站、與私用管理員操作網站，前者提供消費大眾購物操作；後者提供雲端管理員整理資料操作。

消費大眾只要開啓公用購物雲端網站網頁，點選要購物品，即可在網路上完成交易，操作項目包括：(a)會員註冊、(b)購物登入、(c)商品展示、(d)商品勾選。

8-3-1 網頁分隔架構(Page Structure)

參考本系列書上冊第四章，將本節範例網頁分隔成上、中左、中右、下 4個區塊。於上端區塊，印出網頁標題；於中左端區塊控制執行項目，執行於中右端區塊；於下端區塊設定返回首頁機制。

範例 111：設計檔案 01ShoppingPage.jsp、02ShoppingTop.jsp、03ShoppingMid_1.jsp、04ShoppingMid_2.jsp、05ShoppingBtm.jsp，建立網頁分隔。

---

(1) 設計檔案 01ShoppingPage.jsp (建立上、中左、中右、下網頁 4 區塊分隔位置與比例，編輯於 C:\BookCldApp2\Program\ch08\8_3)

```
01 <HTML>
02 <HEAD>
03 <TITLE>ShoppingPage</TITLE>
04 </HEAD>
05 <FRAMESET ROWS= "15%, 75%, 10%" >
06 <FRAME NAME= "ShoppingTop" SRC= "02ShoppingTop.jsp">
07 <FRAMESET COLS= "20%,*">
08   <FRAME NAME= "ShoppingMid_1" SRC= "03ShoppingMid_1.jsp">
09   <FRAME NAME= "ShoppingMid_2" SRC= "04ShoppingMid_2.jsp">
10 </FRAMESET>
11 <FRAME NAME= "ShoppingBtm" SRC= "05ShoppingBtm.jsp">
```

```
12 </FRAMESET>
13 </HTML>
```

列 05　　　設定區塊空間分配比例。

列 06~12 設定各區塊超連接之執行檔案。

(2) 設計檔案 02ShoppingTop.jsp (執行於網頁上端區塊，用於網頁標題)

```
01 <%@ page contentType="text/html;charset=big5" %>
02 <html>
03 <head><title>ShoppingTop</title></head>
04 <body>
05 <h1 align= "center">購物車系統</h1>
06 </body>
07 </html>
```

列 05　　　印出訊息。

(3) 設計檔案 03ShoppingMid_1.jsp (於中左端區塊控制執行項目，執行結果顯示於中右端區塊)

```
01 <%@ page contentType="text/html;charset=big5" %>
02 <html>
03 <head><title>ShoppingMid_1</title></head>
04 <body>
05 <A HREF= "06Registry.html" TARGET= "ShoppingMid_2">會員註冊</A><p>
06 <A HREF= "08Login.html" TARGET= "ShoppingMid_2">物品選購</A><p>
07 </body>
08 </html>
```

列 05~06 於中左端控制執行項目，執行結果顯示於中右端區塊。

(4) 設計檔案 04ShoppingMid_2.jsp (於中右區塊印出訊息)

```
01 <%@ page contentType="text/html;charset=big5" %>
02 <html>
03 <head><title>ShoppingMid_2</title></head>
04 <body>
05 <h2 align= "left">本購物雲端網站須知：</h2>
06 <align= "left"><p></p>
07 1、購物客戶須先註冊為本網站會員。<br>
08 2、填寫証號、密碼，登入本網站購物。<br>
09 3、完成購物各項步驟後，等待本站寄貨到府。
10 </body>
```

```
11 </html>
```

列 07~09 印出客戶須知訊息。

(5) 設計檔案 05ShoppingBtm.jsp (於下端區塊設定返回首頁機制)

```
01 <%@ page contentType="text/html;charset=big5" %>
02 <html>
03 <head><title>ShoppingBtm</title></head>
04 <body>
05 <a href= "01ShoppingPage.jsp" target= "_top">回首頁</a>
06 </body>
07 </html>
```

列 05　　　於下端區塊設定返回首頁機制。

(6) 為了避免前章同名稱程式檔案之干擾，依附件 B **重新安裝 Tomcat 系統**。

(7) 執行項(1)~(5)檔案：(參考本系列書上冊範例 02、或本書附件 B 範例 firstJSP)

(a) 為了測試設計是否完整，將本例光碟 C:\BookCldApp2\Program\ch08\ 8_3 內 13 個檔案複製至目錄：C:\Program Files\Java\Tomcat 7.0\ webapps\examples

(b) 重新啟動 Tomcat。

(c) 使用者開啟瀏覽器，使用網址：http://163.15.40.242:8080/examples/ 01ShoppingPage.jsp ，其中 163.15.40.242 為網站主機之 IP， 8080 為 port。(注意：讀者實作時應將 IP 改成自己雲端網站之 IP)

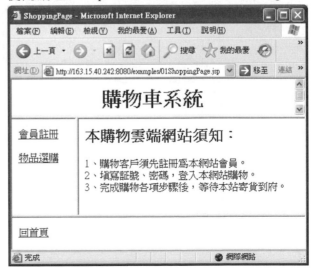

8-3-2 客戶會員註冊(Registration)

　　為了方便資料管理、貨品送達、帳款結付，客戶應加入雲端網站會員，開啓網站網頁，於表單填入本人証號、名稱、密碼、住址、電話。

> **範例 112**：設計檔案 06Registry.html、07Registry.jsp，使用資料庫 CloudShopping.accdb，提供消費大眾註冊，加入購物網站會員。

(1) 設計檔案 06Registry.html(提供消費大眾註冊，建立表單，等待填入基本資料，編輯於 C:\BookCldApp2\Program\ch08\8_3)

```
01 <HTML>
02 <HEAD>
03 <TITLE>Registry</TITLE>
04 </HEAD>
05 <BODY>
06 <FORM METHOD="post" ACTION="07Registry.jsp">
07 <p align="left">
08 <font size="5"><b>會員填寫基本註冊資料</b></font>
09 </p>
10 <p>  </p>
11 <p align="left">
12 身份字號 <INPUT TYPE="text" NAME="ID" SIZE="20"><br>
13 會員名稱 <INPUT TYPE="text" NAME="name" SIZE="10"><br>
14 會員密碼 <INPUT TYPE="password" NAME="pwd" SIZE="10"><br>
15 會員地址 <INPUT TYPE="text" NAME="addr" SIZE="40"><br>
16 會員電話 <INPUT TYPE="text" NAME="tel" SIZE="20"><br>
17 </p>
18 <p>
19 <INPUT TYPE="submit" VALUE="遞送">
20 <INPUT TYPE="reset" VALUE="取消">
21 </FORM>
22 </BODY>
23 </HTML>
```

列 12~16 建立表單，等待填入註冊資料。

列 19 　　配合列 06 驅動執行 07Registry.jsp。

(2) 設計檔案 07Registry.jsp(由 06Registry.html 驅動執行,將表單之輸入內
容,寫入資料庫)

```
01 <%@ page contentType= "text/html;charset=big5" %>
02 <%@ page import= "java.sql.*" %>
03 <html>
04 <head><title>Registry</title></head><body>
05 <p align="left">
06 <%

//連接資料庫
07   String JDriver = "sun.jdbc.odbc.JdbcOdbcDriver";
08   String connectDB="jdbc:odbc:CloudShopping";

09   Class.forName(JDriver);
10   Connection con = DriverManager.getConnection(connectDB);
11   Statement stmt = con.createStatement();

//讀取前頁表單之輸入內容
12   request.setCharacterEncoding("big5");
13   String numStr = request.getParameter("ID");
14   String nameStr = request.getParameter("name");
15   String pwdStr = request.getParameter("pwd");
16   String addrStr = request.getParameter("addr");
17   String telStr = request.getParameter("tel");

//設定 SQL 指令,將讀取資料寫入資料庫
18   String sql1= "INSERT INTO RegistryClient(証號,名稱,密碼,地址,電話)" +
                " VALUES('" + numStr + "','" + nameStr + "','" +
                  pwdStr + "','" + addrStr + "','" + telStr + "')";
19   stmt.executeUpdate(sql1);

20   out.print("已成功完成註冊!! <br>");

//關閉資料庫
21   stmt.close();
22   con.close();
23 %>
24 </body>
25 </html>
```

列 07~11 連接資料庫，建立資料庫操作物件。

列 12~17 讀取前頁表單之輸入內容。

列 18~19 設定 SQL 指令，將讀取表單之資料寫入資料庫。

列 20　　印出訊息。

列 21~22 關閉資料庫。

(3) 執行檔案 06Registry.html、07Registry.jsp：(參考本系列書上冊範例 02、或本書附件 B 範例 firstJSP)

(a) 為了測試設計是否完整，檢視已將本例光碟 C:\BookCldApp2\Program\ch08\8_3 內 13 個檔案複製至目錄：C:\Program Files\Java\Tomcat 7.0\webapps\examples

(b) 重新啟動 Tomcat。

(c) 使用者開啟瀏覽器，使用網址：http://163.15.40.242:8080/examples/01ShoppingPage.jsp，其中 163.15.40.242 為網站主機之 IP，8080 為 port。(注意：讀者實作時應將 IP 改成自己雲端網站之 IP)

(d) 按 **會員註冊**。

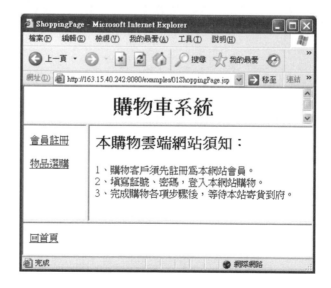

(e) 於表單輸入資料 \ 按 **遞送**。(本例為 A123456789、林會員、123456、
台北市科研路 1 號、02-123456)

(f) 檢視資料表 RegistryClient。(已將資料寫入)

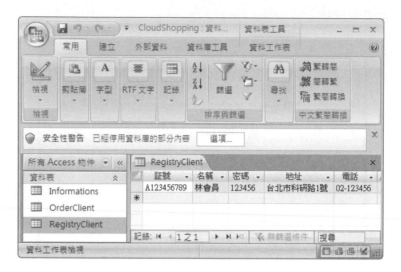

8-3-3 客戶物品選購操作(Shopping Operation)

　　凡是網站註冊會員,可登入網站網頁,選購網站商品,操作流程有:(1)登入網站,會員輸入名稱與密碼,系統比對無誤後,進入網站採購;(2)領取購物車,系統將為登入會員,建立一台專屬購物車;(3)領取購物單,系統展示商品目錄,供登入會員勾選,置入購物車,完成購物操作;(4)等待送貨到府。

範例 113:設計檔案 08Login.html、09Login.jsp、10Cart.jsp、11ReadForm.jsp、12WriteForm.jsp、13PrintBill.jsp,使用資料庫 CloudShopping.accdb,**提供會員登入網站採購商品。**

---

(1) 設計檔案 08Login.html (提供會員登入網站,建立表單,等待填入証號與密碼,驅動執行 09Login.jsp,編輯於 C:\BookCldApp2\Program\ch08\8_3)

```
01 <HTML>
02 <HEAD>
03 <TITLE>Shopping</TITLE>
04 </HEAD>
```

```
05 <BODY>
06 <FORM METHOD="post" ACTION="09Login.jsp">
07 <p align="left">
08 <font size="5"><b>購物客戶登入</b></font>
09 </p>
10 <p>  </p>
11 <p align="left">
12 身份字號 <INPUT TYPE="text" NAME="ID" SIZE="20"><br>
13 會員密碼 <INPUT TYPE="password" NAME="pwd" SIZE="10"><br>
14 </p>
15 <p>
16 <INPUT TYPE="submit" VALUE="遞送">
17 <INPUT TYPE="reset" VALUE="取消">
18 </FORM>
19 </BODY>
20 </HTML>
```

列 12~13 建立表單，等待填入登入資料。

列 16　　配合列 06 驅動執行 09Login.jsp。

(2) 設計檔案 09Login.jsp(由 08Login.html 驅動執行，將前頁表單輸入之証號與密碼，比對資料庫原儲存之証號與密碼，通過無誤者，可參與採購商品，驅動執行 10Cart.jsp)

```
01 <%@ page contentType="text/html;charset=big5" %>
02 <%@ page import= "java.sql.*" %>
03 <html>
04 <head><title>Login</title></head><body>
05 <p align="left">
06 <%

//連接資料庫
07  String JDriver = "sun.jdbc.odbc.JdbcOdbcDriver";
08  String connectDB="jdbc:odbc:CloudShopping";

09  Class.forName(JDriver);
10  Connection con = DriverManager.getConnection(connectDB);
11  Statement stmt = con.createStatement();

//讀取前頁表單之輸入內容
12  request.setCharacterEncoding("big5");
13  String numStr = request.getParameter("ID");
```

```
14    String pwdStr = request.getParameter("pwd");
```

//設定 SQL 指令，讀取資料表 RegistryClient 內容，並比對表單內容
```
15    String sql="SELECT *  FROM RegistryClient WHERE 証號='" +
                  numStr + "'AND 密碼='" + pwdStr + "';";

16    ResultSet rs = stmt.executeQuery(sql);
17    boolean flag = false;
18    while(rs.next()) flag = true;
19    if(flag){
          out.print("帳號密碼正確,成功登入雲端!! <br>");
          session = request.getSession();
          session.setAttribute("Shopping", "true");
          session.setAttribute("Cart", numStr);

          out.print("<A HREF=");
          out.print("'10Cart.jsp'");
          out.print(">領取購物車</A></p><p>");
20    }
21    else{
          out.print("帳號密碼有誤,登入雲端失敗!! <br>");
          %>
          <a href= "01ShoppingPage.jsp" target= "_top">回首頁</a>
          <%
22    }
```

//關閉資料庫
```
23    stmt.close();
24    con.close();
25    %>
26    </body>
27    </html>
```

列 07~11 連接資料庫，建立資料庫操作物件。

列 12~14 讀取前頁表單之輸入內容。

列 15~22 設定 SQL 指令，讀取資料表 RegistryClient 內容，並比對表單內容。

列 19~20 如果比對成功，則建立 session 網頁承續碼，標示領取購物車驅動執行 10Cart.jsp。

列 21~22 如果比對失敗，返回首頁。

列 23~24 關閉資料庫。

(3) 設計檔案 10Cart.jsp（由 09Login.jsp 驅動執行，依前頁証號建立專屬購物
車，並建總價統計檢視表，驅動執行 11ReadForm.jsp）

```
01 <%@ page contentType= "text/html;charset=big5" %>
02 <%@ page import= "java.sql.*" %>
03 <html>
04 <head><title>Cart</title></head><body>
05 <p align="left">
06 <%

//連接資料庫
07   String JDriver = "sun.jdbc.odbc.JdbcOdbcDriver";
08   String connectDB="jdbc:odbc:CloudShopping";

09   Class.forName(JDriver);
10   Connection con = DriverManager.getConnection(connectDB);
11   Statement stmt = con.createStatement();

//讀取 session 網頁承續碼
12   request.setCharacterEncoding("big5");
13   boolean flag= false;
14   session= request.getSession();
15   if(session.getAttribute("Shopping")== "true") flag= true;

16   String cartStr= session.getAttribute("Cart").toString();

//設定 SQL 指令，以採購人証號，建立個人專屬購物車
17   if(flag){
18      out.print("已成功取得個人專屬購物車!! <br>");
19      String sql1= "CREATE TABLE " + cartStr + "(" +
                    "編號 TEXT(10), " +
                    "品名 TEXT(20), " +
                    "單價 INTEGER)";
20      stmt.executeUpdate(sql1);

//設定 SQL 指令，以採購人証號，建立購物車檢視表，等待統計購物總價
21      String cartView= cartStr + "View";
22      String sql2= "CREATE VIEW " + cartView +
                    " AS SELECT Sum([" + cartStr + "].單價) AS 單價之總計 " +
                    " FROM " + cartStr + ";";
23      stmt.executeUpdate(sql2);

//驅動執行 11ReadForm.jsp，領取購物目錄清單
```

```
24    out.print("<A HREF=");
25    out.print("'11ReadForm.jsp'");
26    out.print(">領取購物目錄清單</A></p><p>");
27  }
28  else{
29    out.print("非合法網頁,無法取得購物車!! <br>");
30    %>
31    <a href= "01ShoppingPage.jsp" target= "_top">回首頁</a>
32    <%
33  }

//關閉資料庫
34  stmt.close();
35  con.close();
36  %>
37  </body>
38  </html>
```

列 07~11 連接資料庫,並建立資料庫操作物件。

列 12~16 讀取 session 網頁承續碼。

列 15　　以 session 網頁承續碼 "Shopping" 証實本頁為合法網頁。

列 16　　以 session 網頁承續碼 "Cart" 取得採購人証號,並用為專屬購物車之名稱。

列 17~33 如果証實本頁為合法網頁,則執行列 17~27,否則執行列 28~33 返回首頁。

列 17~20 設定 SQL 指令,以採購人証號,建立個人專屬購物車。

列 21~23 設定 SQL 指令,以採購人証號,建立購物車檢視表,等待統計購物總價。

列 24~27 驅動執行 11ReadForm.jsp,領取購物目錄清單。

列 34~35 關閉資料庫。

(4) 設計檔案 11ReadForm.jsp(由 10Cart.jsp 驅動執行,建立複選商品目錄,驅動執行 12WriteForm.jsp)

```
01 <%@ page contentType="text/html;charset=big5" %>
02 <%@ page import= "java.sql.*" %>
03 <%@ page import= "java.io.*" %>
04 <html>
```

```
05  <head><title>ReadForm</title></head><body>
06  <p align="left">
07  <font size="5"><b>選取品目</b></font>
08  </p>
<%


//連接資料庫
09    String JDriver = "sun.jdbc.odbc.JdbcOdbcDriver";
10    String connectDB="jdbc:odbc:CloudShopping";

11    Class.forName(JDriver);
12    Connection con = DriverManager.getConnection(connectDB);
13    Statement stmt = con.createStatement();

//設定 SQL 指令，建立複選商品目錄
14    request.setCharacterEncoding("big5");
15    String sql="SELECT * FROM Informations" ;

16  boolean flag= false;
17  session = request.getSession();
18  if(session.getAttribute("Shopping") == "true") flag= true;

19  if (stmt.execute(sql) && flag)    {
20      ResultSet rs = stmt.getResultSet();
21      out.print("<FORM METHOD=post  ACTION=12WriteForm.jsp>");
22      %>
23      <TABLE BORDER= "1">
24      <TR><TD>勾選</TD><TD>編號</TD>
             <TD>品名</TD><TD>單價</TD>
25      </TR><%
26      while (rs.next()) {
27        String indexStr= rs.getString("編號");
28        String nameStr= rs.getString("品名");
29        String priceStr= rs.getString("單價");

30        out.print("<TR>");
31        out.print("<TD>");
32        out.print("<INPUT TYPE=checkbox  NAME= itemSelect " +
                    "VALUE=" + indexStr + ">");
33        out.print("</TD>");

34        out.print("<TD>");
35           out.print(indexStr);
```

```
36        out.print("</TD>");

37        out.print("<TD>");
38          out.print(nameStr);
39        out.print("</TD>");

40        out.print("<TD>");
41          out.print(priceStr);
42        out.print("</TD>");

45        out.print("</TR>");
46      }
47      out.print("</TABLE>");
48      out.print("<INPUT TYPE=submit VALUE=\"勾選物品\">");
49    }

//關閉資料庫
50  stmt.close();
51  con.close();
52 %>
53 </body>
54 </html>
```

列 09~13 連接資料庫，建立資料庫操作物件。

列 14~49 設定 SQL 指令，建立複選商品目錄。

列 15   設定 SQL 指令，讀取資料表 Information 所有商品資料。

列 16~18 檢驗本網頁是否合法。

列 19~49 如果為合法網頁，建立複選商品目錄。

列 48   配合列 21 驅動 12WriteForm.jsp，複選採購商品。

列 50~51 關閉資料庫。

(5) 設計檔案 12WriteForm.jsp (由 11ReadForm.jsp 驅動執行，依商品目錄，
勾選要購物品，將勾選物品置入專屬購物車，並建立訂購客戶單，驅動執
行 13PrintBill.jsp)

```
01 <%@ page contentType="text/html;charset=big5" %>
02 <%@ page import= "java.sql.*, java.util.Date" %>
03 <html>
04 <head><title>WriteForm</title></head><body>
05 <%
```

```
//連接資料庫
06   String JDriver = "sun.jdbc.odbc.JdbcOdbcDriver";
07   String connectDB="jdbc:odbc:CloudShopping";

08   Class.forName(JDriver);
09   Connection con = DriverManager.getConnection(connectDB);
10   Statement stmt = con.createStatement();

//以 session 網頁承續碼，讀取購物車名稱
11   request.setCharacterEncoding("big5");
12   session = request.getSession();
13   String cartStr= session.getAttribute("Cart").toString();

//設定 SQL 指令，依商品目錄，勾選要購物品
14   String[] item= request.getParameterValues("itemSelect");
15   for(int i=0; i<item.length; i++) {
16       String sql1="SELECT *  FROM Informations WHERE 編號='" +
                       item[i]  + "';";
17       ResultSet rs1= stmt.executeQuery(sql1);
18       rs1.next();
19       String nameStr= rs1.getString("品名");
20       int priceInt= rs1.getInt("單價");

//設定 SQL 指令，將勾選物品置入專屬購物車
21       String sql2= "INSERT INTO " + cartStr + "(編號, 品名, 單價)" +
                       " VALUES('" + item[i] + "','" + nameStr + "'," +
                       priceInt + ")";
22       stmt.executeUpdate(sql2);
23   }
24   out.print("選購品目已成功置入購物車 <br>");

//設定 SQL 指令，將本次採購人証號加入訂購人名冊，提供管理員運用
25   String sql3= "INSERT INTO OrderClient (証號)" +
                   " VALUES('" + cartStr + "')";
26   stmt.executeUpdate(sql3);

//驅動 13PrintBill.jsp，統計價目總和
27   out.print("<A HREF=");
28   out.print("'13PrintBill.jsp'");
29   out.print(">列印帳單</A></p><p>");

//關閉資料庫
```

```
30  stmt.close();
31  con.close();
32  %>
33  </body>
34  </html>
```

列 06~10 連接資料庫，建立資料庫操作物件。

列 11~13 以 session 網頁承續碼，讀取購物車名稱，亦即採購人証號。

列 14~20 設定 SQL 指令，依商品目錄，勾選要購物品。

列 19~20 讀取每一勾選物品之品名與單價。

列 21~24 設定 SQL 指令，將勾選物品置入專屬購物車。

列 25~26 設定 SQL 指令，將本次採購人証號加入訂購人名冊，提供管理員運用。

列 27~29 驅動 13PrintBill.jsp，統計價目總和。

列 30~31 關閉資料庫。

(6) 設計檔案 13PrintBill.jsp（由 12WriteForm.jsp，印出專屬購物車內物品內容，印出專屬檢視表之價目總和）

```
01  <%@ page contentType="text/html;charset=big5" %>
02  <%@ page import= "java.sql.*" %>
03  <%@ page import= "java.io.*" %>
04  <html>
05  <head><title>PrintBill</title></head><body>
06  <p align="left">
07  <font size="5"><b>列印帳單</b></font>
08  </p>
09  <%

//連接資料庫
10   String JDriver = "sun.jdbc.odbc.JdbcOdbcDriver";
11   String connectDB="jdbc:odbc:CloudShopping";

12   Class.forName(JDriver);
13   Connection con = DriverManager.getConnection(connectDB);
14   Statement stmt = con.createStatement();

//依 session 網頁接續碼，讀取專屬購物車名稱、與價目總和檢視表名稱
15   request.setCharacterEncoding("big5");
```

```
16  session = request.getSession();
17  String cartStr= session.getAttribute("Cart").toString();
18  String cartView= cartStr + "View";
```

//設定 SQL 指令，如果本頁為合法網頁，則印出專屬購物車內物品
之編號、品名、單價

```
19  String sql1="SELECT * FROM " + cartStr ;
20  boolean flag= false;
21  session = request.getSession();
22  if(session.getAttribute("Shopping") == "true") flag= true;

23  if (stmt.execute(sql1) && flag)   {
        ResultSet rs1 = stmt.getResultSet();
        %>
        <TABLE BORDER= "1">
        <TR><TD>編號</TD><TD>品名</TD><TD>單價</TD>
        </TR><%
        while (rs1.next()) {
            String indexStr= rs1.getString("編號");
            String nameStr= rs1.getString("品名");
            String priceStr= rs1.getString("單價");

            out.print("<TR>");

            out.print("<TD>");
                out.print(indexStr);
            out.print("</TD>");

            out.print("<TD>");
                out.print(nameStr);
            out.print("</TD>");

            out.print("<TD>");
                out.print(priceStr);
            out.print("</TD>");

            out.print("</TR>");
        }
        out.print("</TABLE>");
24  }
```

//設定 SQL 指令，列印專屬檢視表之價目總和

```
25  String sql2="SELECT * FROM " + cartView;
```

```
26  out.print("合計: ");

27  if (stmt.execute(sql2) && flag)   {
        ResultSet rs2 = stmt.getResultSet();
        while (rs2.next()) {
            out.print(rs2.getString("單價之總計"));
        }
28  }

//關閉資料庫
29  stmt.close();
30  con.close();
31  %>
32  </body>
33  </html>
```

列 10~14 連接資料庫、建立資料庫操作物件。

列 15~18 依 session 網頁接續碼，讀取專屬購物車名稱、與價目總和檢視表名稱。

列 19~24 設定 SQL 指令，如果本頁為合法網頁，則印出購物車內物品 之編號、品名、單價。

列 20~22 確認本頁是否為合法網頁。

列 23~24 如果為合法網頁，則印出購物車內物品 之編號、品名、單價。

列 25~28 設定 SQL 指令，列印專屬檢視表之價目總和。

列 29~30 關閉資料庫。

(7) 執行項(1)~項(6) 檔案：(參考本系列書上冊範例 02、或本書附件 B 範例 firstJSP)

(a) 為了測試設計是否完整，檢視已將本例光碟 C:\BookCldApp2\Program\ ch08\8_3 內 13 個檔案複製至目錄：C:\Program Files\Java\Tomcat 7.0\ webapps\examples。

(b) 重新啟動 Tomcat。

(c) 使用者開啟瀏覽器，使用網址：http://163.15.40.242:8080/examples/ 01ShoppingPage.jsp，其中 163.15.40.242 為網站主機之 IP，8080 為 port。(注意：讀者實作時應將 IP 改成自己雲端網站之 IP)

(d) 按 物品選購。

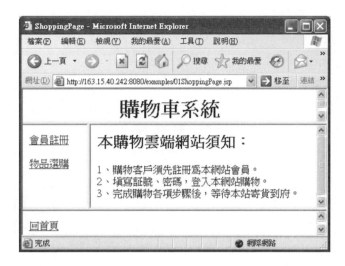

(e) 鍵入身份証字號、密碼(本例為 A123456789、123456) \ 按 遞送。 (此時執行 09Login.jsp，將前頁表單輸入之証號與密碼，比對資料庫原儲存之証號與密碼，通過無誤者，可參與採購商品)

(f) 按 **領取購物車**。(此時執行 10Cart.jsp，依証號建立專屬購物車，並建立
總價統計檢視表)

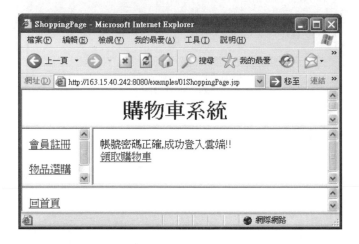

(檢視資料庫，已建立專屬購物車 A123456789)

(檢視資料庫，已建立計價檢視表 A123456789View)

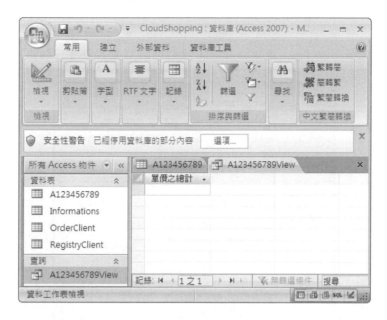

(g) 按 領取購物目錄清單。(此時執行 11ReadForm.jsp，建立複選商品目錄)

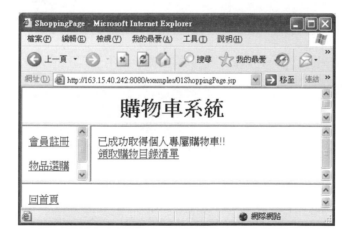

(h) 勾選要購物品(本例為 001、002) \ 按 **勾選物品**。(此時執行 12WriteForm.jsp,依商品目錄,將勾選物品置入專屬購物車)

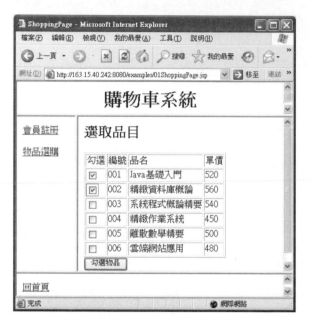

(檢視資料庫,已將勾選資料寫入專屬購物車 A123456789)

(檢視資料庫,已於計價檢視表 A123456789View 統計總價)

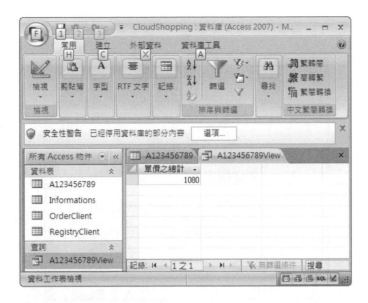

(i) 按 列印帳單。(此時執行 13PrintBill.jsp，印出專屬購物車內物品內容，
印出專屬檢視表之價目總和)

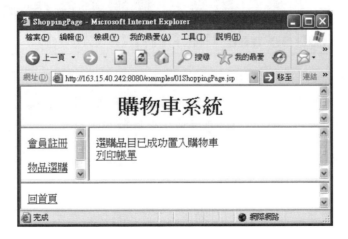

(j) 帳單訊息。(此帳單為採購人參考訊息，真正帳單將顯示於爾後之送貨單)

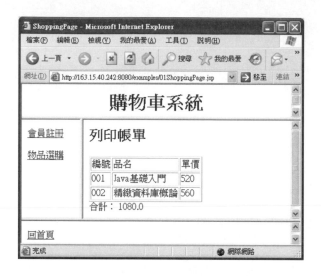

8-4 管理員操作與私用雲端網站(Manager Operation and the Private Cloud)

如前述，為了提高效率與分工，本章實例設計購物車(Shopping Cart) 設計 2 組雲端網站：公用購物雲端網站、與私用管理員操作網站，前者提供消費大眾購物操作；後者提供雲端管理員整理資料操作。

私用管理員操作網站不對外開放，僅於需要時，由管理員不定期短暫開啟，執行購物車管理事宜，包括：

(1) 訂購客戶單，列出每一位訂購商品之客戶身份証字號；

(2) 列印送貨單，管理員依訂購客戶單，印出每一客戶送貨單，包括客戶名稱、地址、電話、貨品、總價；

(3) 結案清理，為了節省資料庫空間，當確認貨品已送達，貨款已收訖，刪除該案購物車與計價檢視表。

8-4-1 網頁分隔架構(Page Structure)

　　參考本系列書上冊第四章,將本節範例網頁分隔成上、中左、中右、下 4 個區塊。於上端區塊,印出網頁標題;於中左端區塊控制執行項目,執行於中右端區塊;於下端區塊設定返回首頁機制。

範例 114:設計檔案 01CartMngPage.jsp、02CartMngTop.jsp、03CartMngMid_1.jsp、04CartMngMid_2.jsp、05CartMngBtm.jsp,建立網頁分隔。

---

(1) 設計檔案 01CartMngPage.jsp (建立上、中左、中右、下網頁 4 區塊分隔位置與比例,編輯於 C:\BookCldApp2\Program\ch08\8_4)

```
01 <HTML>
02 <HEAD>
03 <TITLE>CartMngPage</TITLE>
04 </HEAD>
05 <FRAMESET ROWS= "15%, 75%, 10%" >
06  <FRAME NAME= "CartMngTop" SRC= "02CartMngTop.jsp">
07  <FRAMESET COLS= "20%,*">
08    <FRAME NAME= "CartMngMid_1" SRC= "03CartMngMid_1.jsp">
09    <FRAME NAME= "CartMngMid_2" SRC= "04CartMngMid_2.jsp">
10  </FRAMESET>
11  <FRAME NAME= "CartMngBtm" SRC= "05CartMngBtm.jsp">
12 </FRAMESET>
13 </HTML>
```

列 05　　設定區塊空間分配比例。

列 06~12 設定各區塊超連接之執行檔案。

(2) 設計檔案 02CartMngTop.jsp (執行於網頁上端區塊,用於網頁標題)

```
01 <%@ page contentType="text/html;charset=big5" %>
02 <html>
03 <head><title>CartMngTop</title></head>
04 <body>
05 <h1 align= "center">購物車管理系統</h1>
06 </body>
07 </html>
```

列 05　　印出訊息。

(3) 設計檔案 03CartMngMid_1.jsp (於中左端區塊控制執行項目，執行結果顯示於中右端區塊)

```
01 <%@ page contentType="text/html;charset=big5" %>
02 <html>
03 <head><title>CartMngMid_1</title></head>
04 <body>
05  <A HREF= "06OrderList.jsp" TARGET= "CartMngMid_2">訂購客戶單</A><p>
06  <A HREF= "07Delivery.html" TARGET= "CartMngMid_2">列印送貨單</A><p>
07  <A HREF= "09Clean.html" TARGET= "CartMngMid_2">結案清理</A><p>
08 </body>
09 </html>
```

列 05~07 於中左端控制執行項目，執行結果顯示於中右端區塊。

(4) 設計檔案 04CartMngMid_2.jsp (於中右區塊印出訊息)

```
01 <%@ page contentType="text/html;charset=big5" %>
02 <html>
03 <head><title>CartMngMid_2</title></head>
04 <body>
05 <h2 align= "left">本雲端網站須知：</h2>
06 <align= "left"><p></p>
07  1、本網站僅供管理員使用，不對外開放。<br>
08  2、依訂購客戶証號列印送貨單。<br>
09  3、當銀貨兩訖結案後，刪除該客戶本次購物裝置。
10 </body>
11 </html>
```

列 07~09 印出管理員操作須知訊息。

(5) 設計檔案 05CartMngBtm.jsp (於下端區塊設定返回首頁機制)

```
01 <%@ page contentType="text/html;charset=big5" %>
02 <html>
03 <head><title>CartMngBtm</title></head>
04 <body>
05 <a href= "01CartMngPage.jsp" target= "_top">回首頁</a>
06 </body>
07 </html>
```

列 05　　於下端區塊設定返回首頁機制。

(6) 執行項(1)~(5)檔案：(參考本系列書上冊範例 02、或本書附件 B 範例 firstJSP)

(a) 為了測試設計是否完整，將本例光碟 C:\BookCldApp2\Program\ ch08\8_4 內 10 個檔案複製至目錄：C:\Program Files\Java\Tomcat 7.0\ webapps\examples

(b) 重新啟動 Tomcat。

(c) 使用者開啟瀏覽器，使用網址：http://163.15.40.242:8080/examples/ 01CartMngPage.jsp，其中 163.15.40.242 為網站主機之 IP，8080 為 port。(注意：讀者實作時應將 IP 改成自己雲端網站之 IP)

8-4-2 訂購客戶單(Client List)

於前節(8-3 節) 12WriteForm.jsp，我們曾將每一位訂購商品之客戶身份証字號，輸入資料表 OrderClient，管理員可使用管理網站網頁，讀取此訂購商品之客戶証號。

範例 115：設計檔案 06OrderList.jsp，使用資料庫 CloudShopping.accdb，管理員**讀取訂購商品之客戶証號**。

(1) 設計檔案 **06OrderList.jsp**(讀取資料表 OrderClient 內容，並整齊印出訂購商品之客戶証號，編輯於 C:\BookCldApp2\Program\ch08\8_4)

```
01 <%@ page contentType="text/html;charset=big5" %>
02 <%@ page import= "java.sql.*" %>
03 <%@ page import= "java.io.*" %>
04 <html>
05 <head><title>OrderList</title></head><body>
06 <p align="left">
07 <font size="5"><b>採購客戶身份証字號</b></font>
08 </p>
09 <%

//連接資料庫
10   String JDriver= "sun.jdbc.odbc.JdbcOdbcDriver";
11   String connectDB="jdbc:odbc:CloudShopping";
12   StringBuffer sb= new StringBuffer();

13   Class.forName(JDriver);
14   Connection con = DriverManager.getConnection(connectDB);
15   Statement stmt = con.createStatement();

16   request.setCharacterEncoding("big5");

//設定 SQL 指令，讀取資料表 OrderClient 內容，並整齊印出
17   String sql="SELECT *  FROM OrderCLient";

18   if (stmt.execute(sql))
        {
          ResultSet rs = stmt.getResultSet();
          ResultSetMetaData md = rs.getMetaData();
          int colCount = md.getColumnCount();
          sb.append("<TABLE CELLSPACING=10><TR>");
          for (int i = 1; i <= colCount; i++)
          sb.append("<TH>" + md.getColumnLabel(i));
          while (rs.next())
            {
              sb.append("<TR>");
              for (int i = 1; i <= colCount; i++)
```

```
                    {
                            sb.append("<TD>");
                            Object obj = rs.getObject(i);
                            if (obj != null)
                                    sb.append(obj.toString());
                            else
                                    sb.append(" ");
                    }
            }
            sb.append("</TABLE>\n");
19      }
20      else
21          sb.append("<B>Update Count:</B> " +
                            stmt.getUpdateCount());

22  String result= sb.toString();
23  out.print(result);

//關閉資料庫
24  stmt.close();
25  con.close();
26 %>
27 </body>
28 </html>
```

列 10~15 宣告變數，連接資料庫，建立操作物件。

列 12   建立緩衝器，用於儲存列印資料。

列 17~23 設定 SQL 指令，讀取資料表 OrderClient 內容，並整齊印出。

列 17   設定 SQL 指令。

列 18~19 讀取資料表 OrderClient 內容，儲存於緩衝器。

列 22~23 印出緩衝器之內容。

列 24~25 關閉資料庫。

(2) 執行檔案 06OrderList.jsp：(參考本系列書上冊範例 02、或本書附件 B 範例 firstJSP)

　(a) 為了測試設計是否完整，檢視已將本例光碟 C:\BookCldApp2\Program\ ch08\8_4 內 10 個檔案複製至目錄：C:\Program Files\Java\Tomcat 7.0\ webapps\examples

(b) 重新啟動 Tomcat。

(c) 使用者開啟瀏覽器，使用網址：http://163.15.40.242:8080/examples/01CartMngPage.jsp，其中 163.15.40.242 為網站主機之 IP，8080 為 port。(注意：讀者實作時應將 IP 改成自己雲端網站之 IP)

(d) 按 訂購客戶單。(本例目前只有一位客戶，讀者可於前節嘗試多個客戶)

8-4-3 列印送貨單(Delivery Note)

管理員前節(8-4-2 節) 列出之客戶証號，依序執行本節範例，設定 SQL 指令，讀取該客戶之名稱、地址、電話；讀取該客戶專屬購物車內之貨品；讀取該客戶專屬計價檢視表內之總價，印出客戶送貨單，請送貨機構依址送貨，並依貨款收費。

範例 116：設計檔案 07Delivery.html、08Delivery.jsp，使用資料庫 CloudShopping.accdb，管理員列印送貨單。

---

(1) 設計檔案 **07Delivery.html** (設定表單，等待填入客入証號，驅動執行 08Delivery.jsp，編輯於 C:\BookCldApp2\Program\ch08\8_4)

```
01 <HTML>
02 <HEAD>
03 <TITLE>Delivery</TITLE>
```

```
04 </HEAD>
05 <BODY>
06 <FORM METHOD="post" ACTION="08Delivery.jsp">
07 <p align="left">
08 <font size="5"><b>輸入客戶身份証字號</b></font>
09 </p>
10 <p>  </p>
11 <p align="left">
12  客戶証號: <INPUT TYPE="text" NAME="ID" SIZE="20"><br>
13 </p>
14 <p>
15 <INPUT TYPE="submit" VALUE="遞送">
16 <INPUT TYPE="reset" VALUE="取消">
17 </FORM>
18 </BODY>
19 </HTML>
```

列 12   建立表單，等待填入客戶証號。

列 15   配合列 06 驅動執行 08Delivery.jsp。

(2) 設計檔案 08Delivery.jsp (由 07Delivery.html 驅動執行，建立送貨單)

```
01 <%@ page contentType="text/html;charset=big5" %>
02 <%@ page import= "java.sql.*" %>
03 <%@ page import= "java.io.*" %>
04 <html>
05 <head><title>Delivery</title></head><body>
06 <p align="left">
07 <font size="5"><b>列印送貨單</b></font>
08 </p>
09 <%

//連接資料庫
10   String JDriver = "sun.jdbc.odbc.JdbcOdbcDriver";
11   String connectDB="jdbc:odbc:CloudShopping";

12   Class.forName(JDriver);
13   Connection con = DriverManager.getConnection(connectDB);
14   Statement stmt = con.createStatement();

//讀取前頁表單輸入之客戶証號
15   request.setCharacterEncoding("big5");
16   String cartStr= request.getParameter("ID");
```

```
17   String cartView= cartStr + "View";
```

//設定 SQL 指令，讀取該客戶之名稱、地址、電話，並印出
```
18   String sql1= "SELECT * FROM RegistryClient WHERE 証號= '" +
                  cartStr + "';";
19   if(stmt.execute(sql1)) {
       ResultSet rs1= stmt.getResultSet();
       while(rs1.next()){
         %>
         名稱:<%= rs1.getString("名稱")%><br>
         地址:<%= rs1.getString("地址")%><br>
         電話:<%= rs1.getString("電話")%><br>
         貨品:<br>
         <%
       }
20   }
```

//設定 SQL 指令，讀取該客戶專屬購物車內之貨品，表格整齊印出
```
21   String sql2="SELECT * FROM " + cartStr ;
22   if (stmt.execute(sql2)) {
       ResultSet rs2 = stmt.getResultSet();
       %>
       <TABLE BORDER= "1">
       <TR><TD>編號</TD><TD>品名</TD><TD>單價</TD>
       </TR><%
       while (rs2.next()) {
         String indexStr= rs2.getString("編號");
         String nameStr= rs2.getString("品名");
         String priceStr= rs2.getString("單價");

         out.print("<TR>");

         out.print("<TD>");
             out.print(indexStr);
         out.print("</TD>");

         out.print("<TD>");
             out.print(nameStr);
         out.print("</TD>");

         out.print("<TD>");
             out.print(priceStr);
         out.print("</TD>");
```

```
          out.print("</TR>");
     }
     out.print("</TABLE>");
23  }
```

//設定 SQL 指令，讀取該客戶專屬計價檢視表內之總價，並印出
```
24  String sql3="SELECT * FROM " + cartView;
25  out.print("合計: ");

26  if (stmt.execute(sql3))   {
        ResultSet rs3 = stmt.getResultSet();
        while (rs3.next()) {
                out.print(rs3.getString("單價之總計"));
        }
27  }
```

//關閉資料庫
```
28  stmt.close();
29  con.close();
30 %>
31 </body>
32 </html>
```

列 10~14 連接資料庫，建立資料庫操作物件。

列 15~17 讀取前頁表單輸入之客戶証號，用於搜尋專屬購物車、與計價檢視表。

列 18~20 設定 SQL 指令，讀取該客戶之名稱、地址、電話，並印出。

列 21~23 設定 SQL 指令，讀取該客戶專屬購物車內之貨品，表格整齊印出。

列 24~27 設定 SQL 指令，讀取該客戶專屬計價檢視表內之總價，並印出。

列 28~29 關閉資料庫。

(3) 執行檔案 07Delivery.html、08Delivery.jsp：(參考本系列書上冊範例 02、或本書附件 B 範例 firstJSP)

(a) 為了測試設計是否完整，檢視已將本例光碟 C:\BookCldApp2\Program\ch08\8_4 內 10 個檔案複製至目錄：C:\Program Files\Java\Tomcat 7.0\webapps\examples

(b) 重新啟動 Tomcat。

(c) 使用者開啟瀏覽器，使用網址：http://163.15.40.242:8080/examples/01CartMngPage.jsp，其中 163.15.40.242 為網站主機之 IP，8080 為 port。(注意：讀者實作時應將 IP 改成自己雲端網站之 IP)

(d) 按 列印送貨單 \ 輸入客戶証號(本例為 A123456789) \ 按 遞送。

(印出客戶送貨單，請送貨機構依址送貨，並依貨款收費)

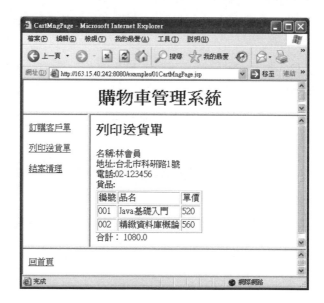

8-4-4 結案清理

　　為了節省資料庫空間，當確認貨品已送達，貨款已收訖，管理員開啓本
網站網頁，刪除該案購物車與計價檢視表。

範例 117：設計檔案 09Clean.html、10Clean.jsp，使用資料庫
CloudShopping.accdb，管理員刪除結案案購物車與計價檢視表。

---

(1) 設計檔案 09Clean.html (設定表單，等待填入客入証號，驅動執行
10Clean.jsp，編輯於 C:\BookCldApp2\Program\ch08\8_4)

```
01 <HTML>
02 <HEAD>
03 <TITLE>Delivery</TITLE>
04 </HEAD>
05 <BODY>
06 <FORM METHOD="post" ACTION="10Clean.jsp">
07 <p align="left">
08 <font size="5"><b>輸入結案客戶身份証字號</b></font>
09 </p>
10 <p> </p>
11 <p align="left">
12  客戶証號: <INPUT TYPE="text" NAME="ID" SIZE="20"><br>
13 </p>
14 <p>
15 <INPUT TYPE="submit" VALUE="遞送">
16 <INPUT TYPE="reset" VALUE="取消">
17 </FORM>
18 </BODY>
19 </HTML>
```

列 12　　建立表單，等待填入客戶証號。

列 15　　配合列 06 驅動執行 10Clean.jsp。

(2) 設計檔案 10Clean.jsp (由 09Clean.html 驅動執行，設定 SQL 指令，刪除
該案購物車、計價檢視表、訂購証號)

```
01 <%@ page contentType="text/html;charset=big5" %>
02 <%@ page import= "java.sql.*, java.util.Date" %>
03 <html>
```

```
04 <head><title>Table Clean</title></head><body>
05 <%

//連接資料庫
06  String JDriver = "sun.jdbc.odbc.JdbcOdbcDriver";
07  String connectDB="jdbc:odbc:CloudShopping";

08  Class.forName(JDriver);
09  Connection con = DriverManager.getConnection(connectDB);
10  Statement stmt = con.createStatement();

//讀取前頁表單輸入之客戶証號，用於搜尋專屬購物車、與計價檢視表
11  request.setCharacterEncoding("big5");
12  String cartStr= request.getParameter("ID");
13  String cartView= cartStr + "View";

//設定 SQL 指令，刪除該案購物車、計價檢視表、訂購証號
14  String sql1= "DROP TABLE " + cartStr + ";";
15  stmt.executeUpdate(sql1);

16  String sql2= "DROP TABLE " + cartView + ";";
17  stmt.executeUpdate(sql2);

18  String sql3="DELETE FROM OrderClient WHERE 証號='" +
               cartStr + "';" ;

19  stmt.executeUpdate(sql3);

//關閉資料庫
20  stmt.close();
21  con.close();

22  out.print(cartStr + "購物設施已清理完畢!!");
23 %>
24 </body>
25 </html>
```

列 06~10 連接資料庫，建立操作物件。

列 11~13 讀取前頁表單輸入之客戶証號，用於搜尋專屬購物車、與計價檢視表。

列 14~15 設定 SQL 指令，刪除該案購物車。

列 15~17 設定 SQL 指令,該案計價檢視表。

列 18~19 設定 SQL 指令,刪除資料表 OrderClient 該案訂購人之証號。

列 20~21 關閉資料庫。

(3) 執行檔案 09Clean.html、10Clean.jsp:(參考本系列書上冊範例 02、或本書附件 B 範例 firstJSP)

(a) 為了測試設計是否完整,檢視已將本例光碟 C:\BookCldApp2\Program\ch08\8_4 內 10 個檔案複製至目錄:C:\Program Files\Java\Tomcat 7.0\webapps\examples

(b) 重新啟動 Tomcat。

(c) 使用者開啟瀏覽器,使用網址:http://163.15.40.242:8080/examples/01CartMngPage.jsp,其中 163.15.40.242 為網站主機之 IP,8080 為 port。(注意:讀者實作時應將 IP 改成自己雲端網站之 IP)

(d) 按 結案清理 \ 輸入客戶証號(本例為 A123456789) \ 按 遞送。

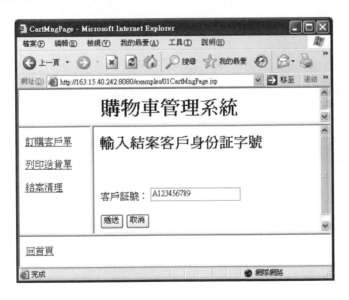

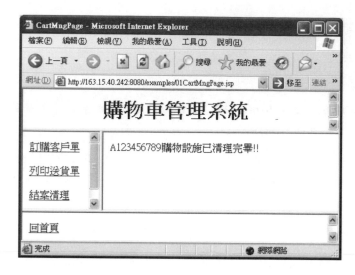

(e) 檢視資料庫已刪除該案購物車 A123456789、計價檢視表 A123456789View、與資料表 OrderClient 內該案採購人証號。

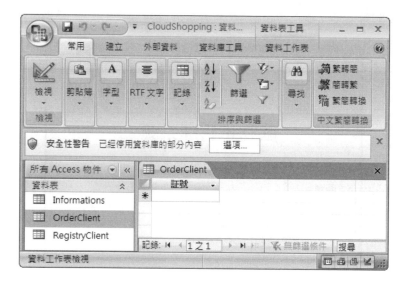

8-5 習題(Exercises)

1、本章購物車範例包括 2 組雲端網站,其內容為何?

2、當客戶要進入網站作採購操作時,為何需要經過登入過程?

3、當操作領取購物車時,有何必要之意義?

4、為何需要結案清理之步驟?

5、本章範例為了簡化解說,並未將進銷貨列為考量要點,試請增加進銷貨考量,當貨物存量不足時,如何向廠商要求進貨?

note

第09章

線上考試雲端網站
Examination

9-1 簡介

　　線上考試是目前非常慣見的一種測驗方式，其型態可分為：(1)試題網頁同時顯示全部試題，考生作答完畢後，一次輸入答案；(2)試題網頁每次只顯示一題，考生依序作答一題，輸入答案一次。

　　前者為老舊型態，後者為新式型態(如托福測驗、汽車執照考試等)，因是一題一題作答，當答錯中階程度試題之後，系統立即安排進入低階程度試題，反之進入高階程度試題，使測試效果更為精準。本章範例採用後者設計，考量項目有：

(1) 設計雲端網頁分隔：(a)上端用於網頁標題、(b)中左端用於操作選項、(c)中右端用於執行操作、(d)下端用於返回首頁。

(2) 建立雲端範例資料庫 CloudExam.accdb：(a)建立資料表 Informations，用於設定考題與標準答案；(b)建立資料表 Examinee，用於儲存考生報名基本資料。

(3) 考生報名：考生在規定日期開啟雲端網頁，填寫基本資料，完成報名手續。

(4) 登入考試：(a)考生登入雲端考場；(b)系統自動建立考生專屬試袋；(c)考生領取試題作答；(d)系統自動計成績。

(5) 列印成績：考生自行於網頁查詢、或由管理員列印郵寄到府。

9-2 建立範例資料庫

　　依本系列書上冊第七章，於本書光碟目錄 C:\BookCldApp2\Program\ch09\Database 建立雲端資料庫 CloudExam.accdb，於操作前，先建立 2 個基本資料表，且以 "CloudExam" 為資料來源名稱作 ODBC 設定。

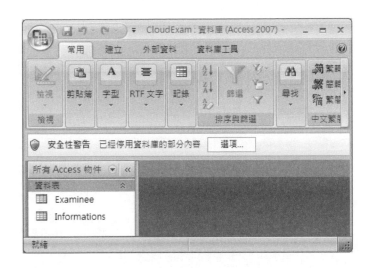

資料表 Informations 提供儲存考題,雲端管理員,先填入考試試題,包括欄位編號、試題、標準答案。(雲端管理員先填入各欄資料,注意:於結束列之標準答案設定為 0,用以識別作答結束)

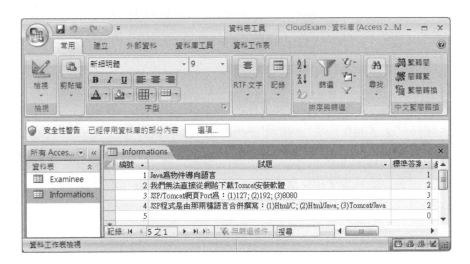

資料表 Examinee 提供考生填入報名基本資料,包括欄位証號、姓名碼、地址、電話、成績。

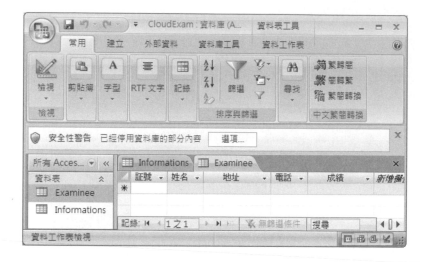

9-3 建立網頁分割

參考第四章，將本章範例網頁分隔成上、中左、中右、下 4 個區塊。於上端區塊，印出網頁標題；於中左端區塊控制執行項目，執行於中右端區塊；於下端區塊設定返回首頁機制。

範例 118：設計檔案 01ExamPage.jsp、02ExamTop.jsp、03ExamMid_1.jsp、04ExamMid_2.jsp、05ExamBtm.jsp，**建立網頁分隔。**

---

(1) 設計檔案 01ExamPage.jsp (建立上、中左、中右、下網頁 4 區塊分隔位置與比例，編輯於 C:\BookCldApp2\Program\ch09)

```
01 <HTML>
02 <HEAD>
03 <TITLE>ExamPage</TITLE>
04 </HEAD>
05 <FRAMESET ROWS= "15%, 75%, 10%" >
06  <FRAME NAME= "ExamTop" SRC= "02ExamTop.jsp">
07  <FRAMESET COLS= "20%,*">
08    <FRAME NAME= "ExamMid_1" SRC= "03ExamMid_1.jsp">
09    <FRAME NAME= "ExamMid_2" SRC= "04ExamMid_2.jsp">
10  </FRAMESET>
```

```
11  <FRAME NAME= "ExamBtm" SRC= "05ExamBtm.jsp">
12  </FRAMESET>
13  </HTML>
```

列 05　　設定區塊空間分配比例。

列 06~12 設定各區塊超連接之執行檔案。

(2) 設計檔案 02ExamTop.jsp (執行於網頁上端區塊，用於網頁標題)

```
01  <%@ page contentType="text/html;charset=big5" %>
02  <html>
03  <head><title>ExamTop</title></head>
04  <body>
05  <h1 align= "center">考試系統</h1>
06  </body>
07  </html>
```

列 05　　印出訊息。

(3) 設計檔案 03ExamMid_1.jsp (於中左端區塊控制執行項目，執行結果顯示於中右端區塊)

```
01  <%@ page contentType="text/html;charset=big5" %>
02  <html>
03  <head><title>ExamMid_1</title></head>
04  <body>
05  <A HREF= "06Registry.html" TARGET= "ExamMid_2">考生報名</A><p>
06  <A HREF= "08Login.html" TARGET= "ExamMid_2">登入考試</A><p>
07  <A HREF= "12PrintScore.html" TARGET= "ExamMid_2">列印成績</A><p>
08  </body>
09  </html>
```

列 05~07 於中左端控制執行項目，執行結果顯示於中右端區塊。

(4) 設計檔案 04ExamMid_2.jsp (於中右區塊印出訊息)

```
01  <%@ page contentType="text/html;charset=big5" %>
02  <html>
03  <head><title>ExamMid_2</title></head>
04  <body>
05  <h2 align= "left">本雲端網站試場須知：</h2>
06  <align= "left"><p></p>
07  1、考生須於規定日期向本網站完成報名手續。<br>
08  2、考生於規定時間登入本網站參加考試。<br>
```

```
09    3、試題型式分為兩類,是非題與選擇題。<br>
10    4、是非題填寫 1 為是,填寫 2 為非。<br>
11    5、完成考試各項步驟後,等待本站寄出成績單到府。

12  </body>
13  </html>
```

列 07~11 印出考生須知訊息。

(5) 設計檔案 05ExamBtm.jsp (於下端區塊設定返回首頁機制)

```
01  <%@ page contentType="text/html;charset=big5" %>
02  <html>
03  <head><title>ExamBtm</title></head>
04  <body>
05  <a href= "01ExamPage.jsp" target= "_top">回首頁</a>
06  </body>
07  </html>
```

列 05   於下端區塊設定返回首頁機制。

(6) 為了避免前章同名稱程式檔案之干擾,依附件 B **重新安裝 Tomcat 系統**。

(7) 執行項(1)~(5)檔案: (參考本系列書上冊範例 02、或本書附件 B 範例 firstJSP)

(a) 為了測試設計是否完整,將本例光碟 C:\BookCldApp2\Program\ch09 內 13 個檔案複製至目錄: C:\Program Files\Java\Tomcat 7.0\webapps\ examples

(b) 重新啟動 Tomcat。

(c) 使用者開啟瀏覽器,使用網址:http://163.15.40.242:8080/examples/ 01ExamPage.jsp,其中 163.15.40.242 為網站主機之 IP,8080 為 port。 (注意:讀者實作時應將 IP 改成自己雲端網站之 IP)

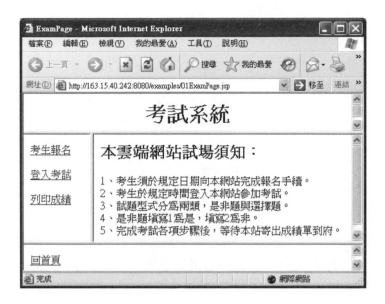

9-4 考生報名註冊(Registration)

　　為了方便資料管理，考生資格審核，報名繳費，成績發佈，錄取入學或任用，考生應於參加應試之前，依規定期限，向雲端網站報名註冊，填寫基本資料，完成有關手續。

範例 119：設計檔案 06Registry.html、07Registry.jsp，使用資料庫 CloudExam.accdb，提供考生報名註冊，取得准考資格。

---

(1) 設計檔案 06Registry.html (提供考生報名註冊，建立表單，等待填入基本資料，編輯於 C:\BookCldApp2\Program\ch09)

```
01 <HTML>
02 <HEAD>
03 <TITLE>Registry</TITLE>
04 </HEAD>
05 <BODY>
06 <FORM METHOD="post" ACTION="07Registry.jsp">
07 <p align="left">
08 <font size="5"><b>考生報名填寫基本資料</b></font>
```

```
09 </p>
10 <p>  </p>
11 <p align="left">
12 身份字號 <INPUT TYPE="text" NAME="ID" SIZE="20"><br>
13 考生姓名 <INPUT TYPE="text" NAME="name" SIZE="10"><br>
14 考生地址 <INPUT TYPE="text" NAME="addr" SIZE="40"><br>
15 考生電話 <INPUT TYPE="text" NAME="tel" SIZE="20"><br>
16 </p>
17 <p>
18 <INPUT TYPE="submit" VALUE="遞送">
19 <INPUT TYPE="reset" VALUE="取消">
20 </FORM>
21 </BODY>
22 </HTML>
```

列 12~15　建立表單，等待考生填入報名註冊資料。

列 18　　　配合列 06 驅動執行 07Registry.jsp。

(2) 設計檔案 07Registry.jsp (由 06Registry.html 驅動執行，將表單之輸入內容，寫入資料庫)

```
01 <%@ page contentType= "text/html;charset=big5" %>
02 <%@ page import= "java.sql.*" %>
03 <html>
04 <head><title>Registry</title></head><body>
05 <p align="left">
06 <%

//連接資料庫
07   String JDriver = "sun.jdbc.odbc.JdbcOdbcDriver";
08   String connectDB="jdbc:odbc:CloudExam";

09   Class.forName(JDriver);
10   Connection con = DriverManager.getConnection(connectDB);
11   Statement stmt = con.createStatement();

//讀取前頁表單之輸入內容
12   request.setCharacterEncoding("big5");
13   String numStr = request.getParameter("ID");
14   String nameStr = request.getParameter("name");
15   String addrStr = request.getParameter("addr");
16   String telStr = request.getParameter("tel");
```

```
//設定 SQL 指令,將讀取資料寫入資料庫
17   String sql1= "INSERT INTO Examinee(証號,姓名,地址,電話)" +
                  " VALUES('" + numStr + "','" + nameStr + "','" +
                  addrStr + "','" + telStr + "')";
18   stmt.executeUpdate(sql1);

19   out.print(nameStr + "   已成功完成考試報名!! <br>");

//關閉資料庫
20   stmt.close();
21   con.close();
22 %>
23 </body>
24 </html>
```

列 07~11 連接資料庫,建立資料庫操作物件。

列 12~16 讀取前頁表單之輸入內容。

列 17~18 設定 SQL 指令,將讀取表單之資料寫入資料庫。

列 19　　印出訊息。

列 20~21 關閉資料庫。

(3) 執行檔案 06Registry.html、07Registry.jsp:(參考本系列書上冊範例 02、
　 或本書附件 B 範例 firstJSP)

(a) 為了測試設計是否完整,檢視已將本例光碟 C:\BookCldApp2\Program\
ch09 內 13 個檔案複製至目錄:C:\Program Files\Java\Tomcat 7.0\
webapps\examples。(注意:在實際使用時,為了維護報名紀律,只有在
報名規定期限內才複製)

(b) 重新啟動 Tomcat。

(c) 使用者開啟瀏覽器,使用網址:http://163.15.40.242:8080/examples/
01ExamPage.jsp,其中 163.15.40.242 為網站主機之 IP,8080 為 port。
(注意:讀者實作時應將 IP 改成自己雲端網站之 IP)

(d) 按 **考生報名**。

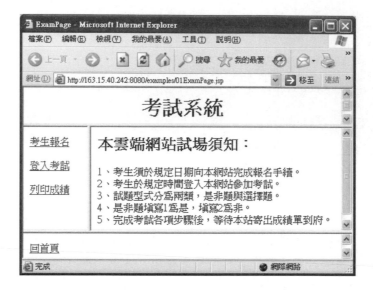

(e) 於表單輸入資料\按 **遞送**。(本例為 A123456789、賈考生、台北市科研路 1 號、02-123456)

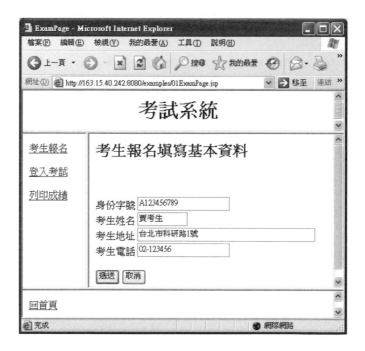

(f) 檢視資料表 Examinee。(已將資料寫入)

9-5 考生登入考試(Take Examination)

考生於規定時間開啟雲端網頁,填寫証號,登入雲端試場,參加考試,
執行步驟有:

(1) 當考生填寫証號，登入雲端試場時，系統即以註冊時之原証號作比對，如果比對成功即為合法考生，准許參加考試。

(2) 系統自動建立該考生專屬試袋，用以記錄作答內容、與答案得分。

(3) 考生依指示領取試題，每次出示一題，作答後再領取下一題，全部作答完畢時，網頁將出現作畢訊息。

(4) 系統自動統計成績。

範例 120：設計檔案 08Login.html、09Login.jsp、10ReadForm.jsp、11WriteForm.jsp，使用資料庫 CloudExam.accdb，提供考生登入網站參加考試作答。

---

(1) 設計檔案 08Login.html (提供考生登入網站，建立表單，等待填入証號，驅動執行 09Login.jsp，編輯於 C:\BookCldApp2\Program\ch09)

```
01 <HTML>
02 <HEAD>
03 <TITLE>Exam</TITLE>
04 </HEAD>
05 <BODY>
06 <FORM METHOD="post" ACTION="09Login.jsp">
07 <p align="left">
08 <font size="5"><b>考生登入參加考試</b></font>
09 </p>
10 <p>  </p>
11 <p align="left">
12 考生証號 <INPUT TYPE="text" NAME="ID" SIZE="20"><br>
13 </p>
14 <p>
15 <INPUT TYPE="submit" VALUE="遞送">
16 <INPUT TYPE="reset" VALUE="取消">
17 </FORM>
18 </BODY>
19 </HTML>
```

列 12　　建立表單，等待考生填入証號。

列 15　　配合列 06 驅動執行 09Login.jsp。

(2) 設計檔案 09Login.jsp (由 08Login.html 驅動執行，讀取前頁表單輸入之証號，比對原註冊資料，如果比對成功，建立該考生專屬試袋、與成績總分檢視表，驅動執行 10ReadForm.jsp)

```
01 <%@ page contentType="text/html;charset=big5" %>
02 <%@ page import= "java.sql.*" %>
03 <html>
04 <head><title>Login</title></head><body>
05 <p align="left">
06 <%

//連接資料庫
07  String JDriver = "sun.jdbc.odbc.JdbcOdbcDriver";
08  String connectDB="jdbc:odbc:CloudExam";

09  Class.forName(JDriver);
10  Connection con = DriverManager.getConnection(connectDB);
11  Statement stmt = con.createStatement();

//讀取前頁表單輸入之証號，比對原註冊資料
12  request.setCharacterEncoding("big5");
13  String numStr = request.getParameter("ID");
14  String sql1="SELECT *  FROM Examinee WHERE 証號='" +
                numStr  + "';";
15  ResultSet rs = stmt.executeQuery(sql1);
16  boolean flag = false;
17  while(rs.next()) flag = true;

//如果比對成功，建立該考生專屬試袋、與成績總分檢視表
18  if(flag){
19    out.print("考生証號正確,成功登入雲端考場!! <br>");

20    String sql2= "CREATE TABLE " + numStr + "(" +
                  "編號 INTEGER, " +
                  "標準答案 INTEGER, " +
                  "答案 INTEGER, " +
                  "分數 INTEGER)";
21    stmt.executeUpdate(sql2);

22    String numView= numStr + "View";
23    String sql3= "CREATE VIEW " + numView +
                  " AS SELECT Sum([" + numStr + "]![分數]) " +
```

```
                        " AS 總分 FROM " + numStr + ";";
24      stmt.executeUpdate(sql3);
```

//建立 session 網頁接續碼

```
25      session = request.getSession();
26      session.setAttribute("Exam", "true");
27      session.setAttribute("ID", numStr);
28      session.setAttribute("Order", 0);
```

//驅動 10ReadForm.jsp，領取考題

```
29      out.print("<A HREF=");
30      out.print("'10ReadForm.jsp'");
31      out.print(">領取考題</A></p><p>");
32  }
```

//如果証號比對失敗，返回首頁

```
33  else{
34      out.print("考生証號有誤,登入失敗!! <br>");
35      %>
36      <a href= "01ExamPage.jsp" target= "_top">回首頁</a>
37      <%
38  }
```

//關閉資料庫

```
39  stmt.close();
40  con.close();
41  %>
42  </body>
43  </html>
```

列 07~11 連接資料庫，建立操作物件。

列 12~17 讀取前頁表單輸入之証號，比對原註冊資料，檢驗是否為合法註冊
考生。

列 13　　讀取前頁表單輸入之証號。

列 14~15 設定 SQL 指令，搜尋讀取該考生原註冊資料。

列 16~17 如果比對成功，則執行列 16~32，否則執行列 33~38，返回首頁。

列 18~32 如果比對成功，建立該考生專屬試袋、與成績總分檢視表。

列 20~21 設定 SQL 指令，建立該考生專屬試袋。

列 22~24 設定 SQL 指令，建立成績總分檢視表。

列 25~28 建立 session 網頁各接續碼。

列 29~31 驅動 10ReadForm.jsp，領取考題。

列 39~40 關閉資料庫。

(3) 設計檔案 10ReadForm.jsp (由 09Login.jsp 驅動執行，設定 SQL 指令，
依序印出一組試題，提供考生作答，驅動執行 11WriteForm.jsp)

```
01 <%@ page contentType="text/html;charset=big5" %>
02 <%@ page import= "java.sql.*" %>
03 <%@ page import= "java.io.*" %>
04 <html>
05 <head><title>ReadForm</title></head><body>

//印出考試註意訊息
06 <p align="left">
07 <font size="5"><b>考題作答</b></font></p><p>
08 <font size="3"><b>是非題：每題 2 分，是填 1，非填 2，答錯不倒扣<br>
                    選擇題：每題 2 分，答錯不倒扣</b></font>
09 </p>
10 <%

//連接資料庫
11   String JDriver = "sun.jdbc.odbc.JdbcOdbcDriver";
12   String connectDB="jdbc:odbc:CloudExam";

13   Class.forName(JDriver);
14   Connection con = DriverManager.getConnection(connectDB);
15   Statement stmt = con.createStatement();

//讀取 session 網頁接續碼
16   request.setCharacterEncoding("big5");
17   String orderStr= session.getAttribute("Order").toString();
18   int orderInt= Integer.parseInt(orderStr);
19   orderInt= orderInt + 1;
20   session.removeAttribute("Order");
21   session.setAttribute("Order", orderInt);

//設定 SQL 指令，依序印出一組試題
22   String sql="SELECT * FROM Informations WHERE 編號 = "  +
                orderInt + ";";

23   boolean flag= false;
```

```
24   session = request.getSession();
25   if(session.getAttribute("Exam") == "true") flag= true;

26   if (stmt.execute(sql) && flag)    {
27       ResultSet rs = stmt.getResultSet();
28       out.print("<FORM METHOD=post  ACTION=11WriteForm.jsp>");
29       %>
30       <TABLE BORDER= "1">
         <TR><TD>答案</TD><TD>編號</TD><TD>試題</TD>
         </TR><%
31       while (rs.next()) {
32         String indexStr= rs.getString("編號");
33         String questionStr= rs.getString("試題");

34         out.print("<TR>");
           out.print("<TD>");
               out.print("<INPUT TYPE=text  NAME= ans SIZE= 3>");
           out.print("</TD>");

           out.print("<TD>");
               out.print(indexStr);
           out.print("</TD>");

           out.print("<TD>");
               out.print(questionStr);
           out.print("</TD>");

35         out.print("</TR>");
36       }
37     out.print("</TABLE>");
38     out.print("<INPUT TYPE=submit VALUE=\"輸入答案\">");
39   }

//關閉資料庫
40   stmt.close();
41   con.close();
42   %>
43   </body>
44   </html>
```

列 08　　印出考試註意訊息。

列 11~15 連接資料庫，建立操作物件。

列 16~21 讀取試題序號 session 網頁接續碼。

列 17　　讀取前頁試題序碼。

列 18~19 建立本頁試題序碼。

列 20~21 刪除舊有試題序號 session 網頁接續碼，建立新試題序號 session 網頁接續碼，提供次網頁下一題建立試題序碼。

列 22~39 設定 SQL 指令，依序印出一組試題。

列 22　　設定 SQL 指令，依序讀取試題。

列 23~25 確認本頁為合法網頁。

列 26~39 如果為合法網頁，則印出一組試題。

列 38　　考生作答，並配合列 28，將資料輸入資料庫，再讀取下一題。

列 40~41 關閉資料庫。

(4) 設計檔案 11WriteForm.jsp(由 10ReadForm.jsp 驅動執行，將答案資料寫該考生專屬試袋，將成績填入考生基本資料表 Examinee)

```
01 <%@ page contentType="text/html;charset=big5" %>
02 <%@ page import= "java.sql.*, java.util.Date" %>
03 <html>
04 <head><title>WriteForm</title></head><body>
05 <%

//連接資料庫
06   String JDriver = "sun.jdbc.odbc.JdbcOdbcDriver";
07   String connectDB="jdbc:odbc:CloudExam";

08   Class.forName(JDriver);
09   Connection con = DriverManager.getConnection(connectDB);
10   Statement stmt = con.createStatement();

//讀取 session 網頁接續碼，建立考生証號、題序
11   request.setCharacterEncoding("big5");
12   session = request.getSession();
13   String numStr= session.getAttribute("ID").toString();
14   String numView= numStr + "View";
15   String orderStr= session.getAttribute("Order").toString();
16   int orderInt= Integer.parseInt(orderStr);
17   int orderInt_TEST= orderInt + 1;
```

```
//設定 SQL 指令，讀取試題標準答案，比對考生答案，將資料寫該考生專屬試袋
18  String sql1= "SELECT * FROM Informations WHERE 編號= " +
                  orderInt + ";";

19  String sql2= "SELECT * FROM Informations WHERE 編號= " +
                  orderInt_TEST + ";";

20  boolean flag= false;
21  if(session.getAttribute("Exam") == "true") flag= true;

22  String ansStr= request.getParameter("ans");
23  int ansInt= Integer.parseInt(ansStr);

24  int stdAnsInt=0;
25  int stdAnsInt_TEST=0;
26  int scoreInt= 0;

27  if (stmt.execute(sql1) && flag)    {
28      ResultSet rs1 = stmt.getResultSet();
29      while(rs1.next()) {
30          stdAnsInt= rs1.getInt("標準答案");
31      }

32      if(stdAnsInt== ansInt)
33          scoreInt= 2;

34      String sql3= "INSERT INTO " + numStr +
                     "(編號, 標準答案, 答案, 分數)" +
                     " VALUES(" + orderInt + "," + stdAnsInt + ","  +
                     ansInt + "," + scoreInt + ")";
35      stmt.executeUpdate(sql3);
36  }
37  out.print("<p>答案已成功輸入資料庫 </p>");

//如果測試次一題之標準答案為 0，作答結束
38  if (stmt.execute(sql2) && flag)    {
39      ResultSet rs2 = stmt.getResultSet();
40      while(rs2.next()) {
41          stdAnsInt_TEST= rs2.getInt("標準答案");
42      }
43  }
```

```
44   if(stdAnsInt_TEST== 0) {
45      out.print("考題已作答完畢</A></p><p>");
```

//由該考生成績總分檢視表，讀取成績
```
46      String sql4="SELECT * FROM " + numView ;
47      int scoreTotal= 0;
48      if(stmt.execute(sql4) && flag) {
49          ResultSet rs4= stmt.getResultSet();
50          while(rs4.next())
51              scoreTotal= rs4.getInt("總分");
52      }
```

//將成績填入考生基本資料表 Examinee
```
53      String sql5= "UPDATE Examinee SET 成績= " + scoreTotal +
                     " WHERE 証號= '" + numStr + "';";
54      stmt.executeUpdate(sql5);
55  }
```

//如果試題未結束，繼續領取下一題作答
```
56  else {
57      stmt.close();
58      con.close();
59      out.print("<A HREF=");
60      out.print("'10ReadForm.jsp'");
61      out.print(">領取下一考題</A></p><p>");
61  }
```

//關閉資料庫
```
63  stmt.close();
64  con.close();
65  %>
66 </body>
67 </html>
```

列 06~10 連接資料庫，建立操作物件。

列 11~17 讀取 session 網頁接續碼，建立考生証號、題序。

列 13~14 建立考生証號。

列 15~16 建立試題題序。

列 17　　建立測試題序。

列 18~31 設定 SQL 指令，讀取試題標準答案，比對考生答案，將資料寫該考生專屬試袋。

列 18　　　SQL 讀取指令。

列 19　　　SQL 測試讀取指令。

列 20~21　確認本網頁為合法網頁。

列 22~23　讀取前頁考生作題答案。

列 27~33　比對標準答案，如果正確，給予 2 分。

列 34~35　將答案與得分，寫入該考生專屬試袋。

列 38~45　如果測試次一題之標準答案為 0，作答結束。

列 46~52　由該考生成績總分檢視表，讀取成績。

列 53~54　將成績填入考生基本資料表 Examinee。

列 56~61　如果試題未結束，繼續領取下一題作答。

列 63~64　關閉資料庫。

(5) 執行項(1)~(4) 檔案：(參考本系列書上冊範例 02、或本書附件 B 範例 firstJSP)

(a) 為了測試設計是否完整，檢視已將本例光碟 C:\BookCldApp2\Program\ch09 內 13 個檔案複製至目錄：C:\Program Files\Java\Tomcat 7.0\webapps\examples。(注意：在實際使用時，為了維護考試紀律，只有在考試規定期限內才複製)

(b) 重新啟動 Tomcat。

(c) 使用者開啟瀏覽器，使用網址：http://163.15.40.242:8080/examples/01ExamPage.jsp，其中 163.15.40.242 為網站主機之 IP，8080 為 port。(注意：讀者實作時應將 IP 改成自己雲端網站之 IP)

(d) 按 登入考試。

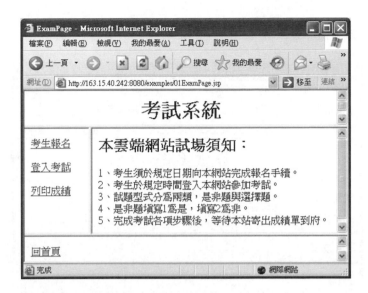

(e) 填入考生証號。(本例為 A123456789)

(f) 按 領取考題。

(g) 按 輸入答案。

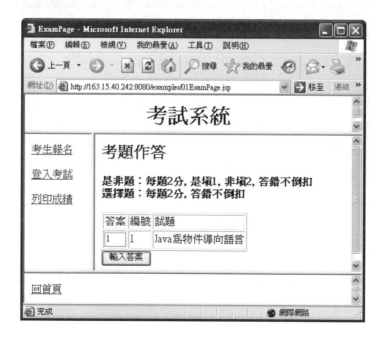

(h) 按 領取下一考題。

(i) 重覆上述各步驟,直至作答試題結束。

(j) 檢視專屬試袋。(已將作答資料寫入)

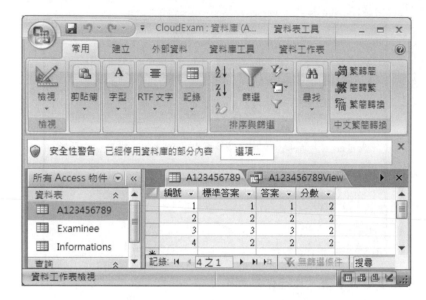

(k) 檢視專屬成績總分檢視表。(已統計總分結果)

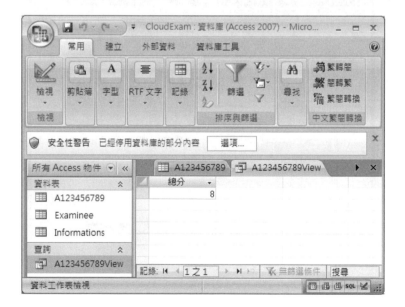

(1) 檢視考生基本資料表 Examinee。(已將成績填入)

9-6 列印成績(Print Score)

於前節，已將考生成績輸入考生基本資料表 Examinee，當印出其中內容時，即是一份完整的成績單，因有姓名、地址、電話、成績，也可視為可供郵寄的成績單。操作時可選擇由考生自行列印，或由管理員印出，再郵寄到府。

範例 121：設計檔案 12PrintScore.html、13PrintScore.jsp，使用資料庫 CloudExam.accdb，提供考生或管理員列印考試成績。

---

(1) 設計檔案 12PrintScore.html(提供列印成績，建立表單，等待填入証號，驅動執行 13PrintScore.jsp，編輯於 C:\BookCldApp2\Program\ch09)

```
01 <HTML>
02 <HEAD>
03 <TITLE>PrintScore</TITLE>
04 </HEAD>
05 <BODY>
```

```
06 <FORM METHOD="post" ACTION="13PrintScore.jsp">
07 <p align="left">
08 <font size="5"><b>輸入考生証號</b></font>
09 </p>
10 <p>  </p>
11 <p align="left">
12 考生証號：  <INPUT TYPE="text" NAME="ID" SIZE="20"><br>
13 </p>
14 <p>
15 <INPUT TYPE="submit" VALUE="遞送">
16 <INPUT TYPE="reset" VALUE="取消">
17 </FORM>
18 </BODY>
19 </HTML>
```

列 12　　　建立表單，等待考生填入証號。

列 15　　　配合列 06 驅動執行 13PrintScore.jsp。

(2) 設計檔案 13PrintScore.jsp（由 12PrintScore.html 驅動執行，設定 SQL 指令，印出考生成績單）

```
01 <%@ page contentType="text/html;charset=big5" %>
02 <%@ page import= "java.sql.*" %>
03 <%@ page import= "java.io.*" %>
04 <html>
05 <head><title>PrintScore</title></head><body>
06 <p align="left">
07 <font size="5"><b>列印成績單</b></font>
08 </p>
09 <%

//連接資料庫
10   String JDriver = "sun.jdbc.odbc.JdbcOdbcDriver";
11   String connectDB="jdbc:odbc:CloudExam";

12   Class.forName(JDriver);
13   Connection con = DriverManager.getConnection(connectDB);
14   Statement stmt = con.createStatement();

//讀取前網頁表單輸入之考生証號
15   request.setCharacterEncoding("big5");
16   String numStr= request.getParameter("ID");
```

```
//設定 SQL 指令，印出考生基本資料表 Examinee 內容
17   String sql1= "SELECT * FROM Examinee WHERE 証號= '" +
                 numStr + "';";
18   if(stmt.execute(sql1)) {
19     ResultSet rs1= stmt.getResultSet();
20     while(rs1.next()){
21       %>
22       証號:<%= rs1.getString("証號")%><br>
23       姓名:<%= rs1.getString("姓名")%><br>
24       地址:<%= rs1.getString("地址")%><br>
25       電話:<%= rs1.getString("電話")%><br>
26       成績:<%= rs1.getString("成績")%><br>
27       <%
28     }
29   }

//關閉資料庫
30   stmt.close();
31   con.close();
32   %>
33   </body>
34   </html>
```

列 10~14 連接資料庫，建立操作物件。

列 15~16 讀取前網頁表單輸入之考生証號。

列 17~29 設定 SQL 指令，印出考生基本資料表 Examinee 內容。

列 30~31 關閉資料庫。

(3) 執行檔案 12PrintScore.html、13PrintScore.jsp：(參考本系列書上冊範例 02、或本書附件 B 範例 firstJSP)

(a) 為了測試設計是否完整，檢視已將本例光碟 C:\BookCldApp2\Program\ch09 內 13 個檔案複製至目錄：C:\Program Files\Java\Tomcat 7.0\webapps\examples。

(b) 重新啟動 Tomcat。

(c) 使用者開啟瀏覽器，使用網址：http://163.15.40.242:8080/examples/01ExamPage.jsp，其中 163.15.40.242 為網站主機之 IP，8080 為 port。(注意：讀者實作時應將 IP 改成自己雲端網站之 IP)

(d) 按 列印成績。

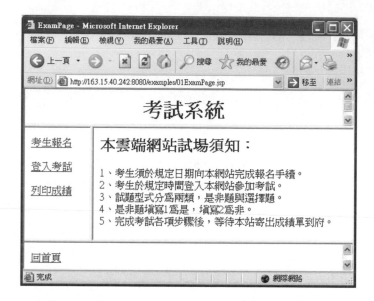

(e) 填入考生証號(本例為 A123456789) \ 按 遞送。

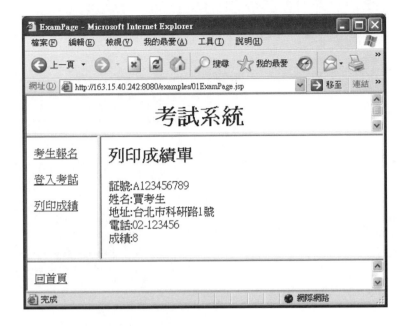

9-7 習題(Exercises)

1、目前線上考試主要有那兩種型態,其優缺點為何?

2、試請將本章範例增設答錯倒扣設計。

3、試請以本章範例印出之成績單,依其姓名、地址設計個別通知信封。

note

第 **10** 章

問卷調查投票雲端網站
Questionnaire Survey

10-1 簡介

在今日工商忙碌的生活型態，問卷調查已成為決策研判與製訂的一項重要依據。本章將介紹如何設計線上問卷調查，其步驟為：(1)於網頁列出所有調查問題，讓參與者先建立全盤概念；(2)再依序各問題個別陳列，並等待參與者點選滿意度；(3)統計調查結果，並以百分比列出滿意比例。考量項目有：

(1) **設計雲端網頁分隔**：(a)上端用於網頁標題、(b)中左端用於操作選項、(c)中右端用於執行操作與提示操作需知、(d)下端用於返回首頁。

(2) **建立雲端範例資料庫 CloudSurvey.accdb**：(a)建立資料表 Informations，用於設定問卷調查各類問題；(b)建立資料表 Questionnaire，用於儲存投票內容。

(3) **列出問卷問題**：為了讓問卷投票人先了解本次問卷調查之意義與目的，於網站網頁列出每一問卷調查問題。

(4) **問卷調查操作**：問卷投票人依指示步驟執行問卷調查，每次顯示一題，問卷投票人依序勾填。

(5) **印出調查結果**：輸入問卷調查問題編號，網頁印出調查結果，以百分比顯示社會大眾之傾向，是提供決策製訂方向。

10-2 建立範例資料庫

依本系列書上冊第七章，於本書光碟目錄 C:\BookCldApp2\Program\ch10\Database 建立雲端資料庫 CloudSurvey.accdb，於操作前，先建立 2 個基本資料表，且以 "CloudSurvey" 為資料來源名稱作 ODBC 設定。

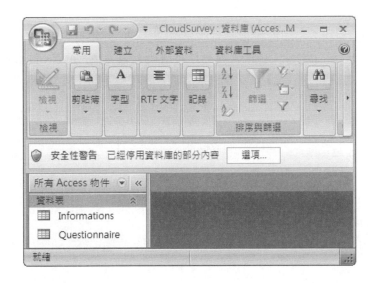

　　資料表 Informations 提供儲存問卷調查問題，雲端管理員，先填入問卷調查各問題，包括欄位編號、問題。(雲端管理員先填入各欄資料，本例如下圖，為了方便解說，暫列 4 個問題)

資料表 Questionnaire 提供調查結果各項內容,雲端管理員,除了編號外,各欄均先填入 0。(注意:於結束列之總投票次數設定為 1000,用以識別投票結束)

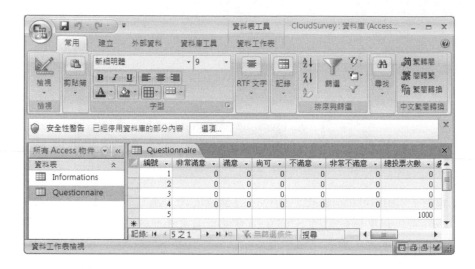

10-3 建立網頁分割

參考第四章,將本章範例網頁分隔成上、中左、中右、下 4 個區塊。於上端區塊,印出網頁標題;於中左端區塊控制執行項目,執行於中右端區塊;於下端區塊設定返回首頁機制。

> **範例 122**:設計檔案 01SurveyPage.jsp、02SurveyTop.jsp、03SurveyMid_1.jsp、04SurveyMid_2.jsp、05SurveyBtm.jsp,**建立網頁分隔。**

(1) 設計檔案 01SurveyPage.jsp (建立上、中左、中右、下網頁 4 區塊分隔位置與比例,編輯於 C:\BookCldApp2\Program\ch10)

```
01 <HTML>
02 <HEAD>
03 <TITLE>SurveyPage</TITLE>
```

```
04 </HEAD>
05 <FRAMESET ROWS= "15%, 75%, 10%" >
06  <FRAME NAME= "SurveyTop" SRC= "02SurveyTop.jsp">
07  <FRAMESET COLS= "20%,*">
08    <FRAME NAME= "SurveyMid_1" SRC= "03SurveyMid_1.jsp">
09    <FRAME NAME= "SurveyMid_2" SRC= "04SurveyMid_2.jsp">
10  </FRAMESET>
11  <FRAME NAME= "SurveyBtm" SRC= "05SurveyBtm.jsp">
12 </FRAMESET>
13 </HTML>
```

列 05　　設定區塊空間分配比例。

列 06~12 設定各區塊超連接之執行檔案。

(2) 設計檔案 02SurveyTop.jsp (執行於網頁上端區塊，用於網頁標題)

```
01 <%@ page contentType="text/html;charset=big5" %>
02 <html>
03 <head><title>SurveyTop</title></head>
04 <body>
05 <h1 align= "center">問卷調查投票</h1>
06 </body>
07 </html>
```

列 05　　印出訊息。

(3) 設計檔案 03SurveyMid_1.jsp (於中左端區塊控制執行項目，執行結果顯示於中右端區塊)

```
01 <%@ page contentType="text/html;charset=big5" %>
02 <html>
03 <head><title>SurveyMid_1</title></head>
04 <body>
05  <A HREF= "06ReadForm.jsp" TARGET= "SurveyMid_2">列出問卷問題</A><p>
06  <A HREF= "07SetSession.jsp" TARGET= "SurveyMid_2">問卷調查操作</A><p>
07  <A HREF= "10PrintResult.html" TARGET= "SurveyMid_2">印出調查結果
    </A><p>
08 </body>
09 </html>
```

列 05~07 於中左端控制執行項目，執行結果顯示於中右端區塊。

(4) 設計檔案 04SurveyMid_2.jsp (於中右區塊印出訊息)

```
01 <%@ page contentType="text/html;charset=big5" %>
02 <html>
03 <head><title>SurveyMid_2</title></head>
04 <body>
05 <h2 align= "left">本雲端網站問卷調查須知：</h2>
06 <align= "left"><p></p>
07 　1、避免灌水失真，一人只作一次操作。<br>
08 　2、點選列出問卷問題，供參與者參考所有問題。<br>
09 　3、依指示步驟操作問卷調查。<br>
10 　4、輸入問題編號，檢視調查結果。<br>
11 </body>
12 </html>
```

列 07~10 印出問卷調查須知訊息。

(5) 設計檔案 05ExamBtm.jsp (於下端區塊設定返回首頁機制)

```
01 <%@ page contentType="text/html;charset=big5" %>
02 <html>
03 <head><title>SurveyBtm</title></head>
04 <body>
05 <a href= "01SurveyPage.jsp" target= "_top">回首頁</a>
06 </body>
07 </html>
```

列 05　　於下端區塊設定返回首頁機制。

(6) 為了避免前章同名稱程式檔案之干擾，依附件 B **重新安裝 Tomcat 系統**。

(7) 執行項(1)~(5)檔案：(參考本系列書上冊範例 02、或本書附件 B 範例 firstJSP)

　(a) 為了測試設計是否完整，將本例光碟 C:\BookCldApp2\Program\ch10 內 11 個檔案複製至目錄：C:\Program Files\Java\Tomcat 7.0\webapps\examples

　(b) 重新啟動 Tomcat。

(c) 使用者開啟瀏覽器，使用網址：http://163.15.40.242:8080/examples/
01SurveyPage.jsp，其中 163.15.40.242 為網站主機之 IP，8080 為 port。
(注意：讀者實作時應將 IP 改成自己雲端網站之 IP)

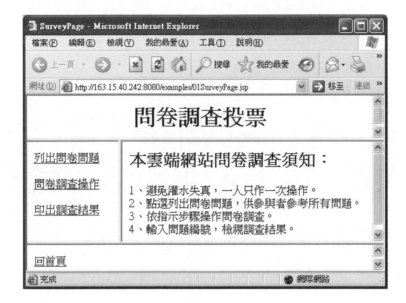

10-4 列出問卷問題

　　為了讓投票者在選取滿意度之前，先了解全盤調查問題之意義，本章範
例於網頁列出所有問卷調查問題，然後再個別列出各問題，等待投票選取滿
意度。

　　管理員將問卷調查問題，已先儲存在資料表 Informations 內(如 10-2 節)，
本節設計 06ReadForm.jsp 讀取所有問題。

> **範例 123**：設計檔案 06ReadForm.jsp，使用資料庫 CloudSurvey.accdb，
> 網頁列出所有問卷調查問題。

(1) 設計檔案 06ReadForm.jsp (印出資料表 Informations 內之所有問卷調查
　　問題，編輯於 C:\BookCldApp2\Program\ch10)

```
01 <%@ page contentType="text/html;charset=big5" %>
02 <%@ page import= "java.sql.*" %>
03 <%@ page import= "java.io.*" %>
04 <html>
05 <head><title>ReadForm</title></head><body>
06 <p align="left">
07 <font size="5"><b>列出問卷問題</b></font>
08 </p>
09 <%
```

//連接資料庫
```
10  String JDriver = "sun.jdbc.odbc.JdbcOdbcDriver";
11  String connectDB="jdbc:odbc:CloudSurvey";

12  Class.forName(JDriver);
13  Connection con = DriverManager.getConnection(connectDB);
14  Statement stmt = con.createStatement();
```

//建立 SQL 指令，讀取問卷調查問題，並整齊印出
```
15  request.setCharacterEncoding("big5");
16  String sql="SELECT * FROM Informations" ;

17  if (stmt.execute(sql))    {
18     ResultSet rs = stmt.getResultSet();
19     %><TABLE BORDER= "1">
20     <TR><TD>編號</TD><TD>問題</TD></TR><%
21     while (rs.next()) {
22       String indexStr= rs.getString("編號");
23       String questionStr= rs.getString("問題");
24       out.print("<TR>");
25       out.print("<TD>");
26          out.print(indexStr);
27       out.print("</TD>");
28       out.print("<TD>");
29          out.print(questionStr);
30       out.print("</TD>");
31       out.print("</TR>");
32     }
33     out.print("</TABLE><P></P>");
34  }
```

//關閉資料庫
```
35  stmt.close();
```

```
36  con.close();
37  %>
38  </body>
39  </html>
```

列 10~14 連接資料庫,建立操作物件。

列 15~32 設定 Sql 指令,以表格整齊印出資料表 Informations 內之所有問卷
　　　　調查問題。

列 35~36 關閉資料庫。

(2) 執行檔案 06ReadForm.jsp:(參考本系列書上冊範例 02、或本書附件 B
範例 firstJSP)

(a) 為了測試設計是否完整,檢視已將本例光碟 C:\BookCldApp2\Program\
ch10 內 11 個檔案複製至目錄:C:\Program Files\Java\Tomcat 7.0\
webapps\examples

(b) 重新啟動 Tomcat。

(c) 使用者開啟瀏覽器,使用網址:http://163.15.40.242:8080/examples/
01SurveyPage.jsp,其中 163.15.40.242 為網站主機之 IP,8080 為 port。
(注意:讀者實作時應將 IP 改成自己雲端網站之 IP)

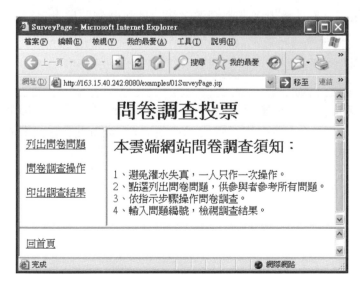

(d) 按 列出問卷問題。

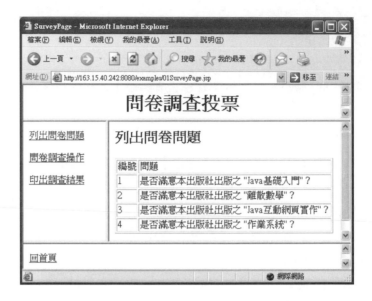

10-5 問卷調查操作

問卷投票人在了解本次問卷問題之後，即可對問題填寫自己意見，本節範例設計程式檔案，依題序，每次顯示一個問題，列出選擇鈕，交由投票人填選，並將結果寫入資料庫。

範例 124：設計檔案 07SetSession.jsp、08VoteForm.jsp、09WriteForm.jsp，使用資料庫 CloudSurvey.accdb，**交由問卷投票人執行問卷調查操作**。

---

(1) 設計檔案 **07SetSession.jsp** (建立 session 網頁接續碼，驗證網頁合法性與傳遞題序，驅動執行 08VoteForm.jsp，編輯於 C:\BookCldApp2\Program\ch10)

```
01 <%@ page contentType="text/html;charset=big5" %>
02 <%@ page import= "java.sql.*" %>
03 <html>
```

```
04 <head><title>SetSession</title></head><body>
05 <p align="left">
06 <%
07  request.setCharacterEncoding("big5");
08  session.setAttribute("Survey", "true");
09  session.setAttribute("Order", 0);

10  out.print("<A HREF=");
11  out.print("'08VoteForm.jsp'");
12  out.print(">領取調查問題</A></p><p>");
13 %>
14 </body>
15 </html>
```

列 08　　建立 session 網頁接續碼，用以驗證爾後各被驅動網頁之合法性。

列 08　　建立 session 網頁接續碼，用以傳遞題序，使問題可依序印出。

列 10~12 驅動執行 08VoteForm.jsp。

(2) 設計檔案 08VoteForm.jsp (依序讀取問卷調查問題，每次印出一個問題，建立選擇鈕，交由投票人填選，驅動執行 09WriteForm.jsp)

```
01 <%@ page contentType="text/html;charset=big5" %>
02 <%@ page import= "java.sql.*" %>
03 <%@ page import= "java.io.*" %>
04 <html>
05 <head><title>VoteForm</title></head><body>
06 <p align="left">
07 <font size="5"><b>問卷投票</b></font></p><p>
08 </p>
09 <%

//連接資料庫
10  String JDriver = "sun.jdbc.odbc.JdbcOdbcDriver";
11  String connectDB="jdbc:odbc:CloudSurvey";

12  Class.forName(JDriver);
13  Connection con = DriverManager.getConnection(connectDB);
14  Statement stmt = con.createStatement();

//宣告變數，讀取 session 網頁接續碼
15  request.setCharacterEncoding("big5");
16  session= request.getSession();
```

```
17   String orderStr= session.getAttribute("Order").toString();
18   int orderInt= Integer.parseInt(orderStr);
19   orderInt= orderInt + 1;
20   session.removeAttribute("Order");
21   session.setAttribute("Order", orderInt);
```

//設定 SQL 指令，依序讀取問卷調查問題，並印出
```
22   String sql="SELECT * FROM Informations WHERE 編號 = "  +
                  orderInt + ";";

23   boolean flag= false;
24   if(session.getAttribute("Survey") == "true") flag= true;
25   if (stmt.execute(sql) && flag) {
26     ResultSet rs = stmt.getResultSet();
27     out.print("<FORM METHOD=post  ACTION=09WriteForm.jsp>");
28     %><TABLE BORDER= "1">
29     <TR><TD>編號</TD><TD>問題</TD></TR><%
30     while (rs.next()) {
31       String indexStr= rs.getString("編號");
32       String questionStr= rs.getString("問題");
33       out.print("<TR>");
34       out.print("<TD>");
35           out.print(indexStr);
36       out.print("</TD>");
37       out.print("<TD>");
38           out.print(questionStr);
39       out.print("</TD>");
40     }
41     out.print("</TABLE>");
42     %>
43     <p>  </p>
44     <p align="left">
```

//建立選擇鈕，填選問卷意見
```
45       勾點選擇鈕：<br>
46       <INPUT TYPE="radio" NAME="QV" VALUE="非常滿意">非常滿意
47       <INPUT TYPE="radio" NAME="QV" VALUE="滿意">滿意
48       <INPUT TYPE="radio" NAME="QV" VALUE="尚可">尚可<br>
49       <INPUT TYPE="radio" NAME="QV" VALUE="不滿意">不滿意
50       <INPUT TYPE="radio" NAME="QV" VALUE="非常不滿意">非常不滿意
51       <br>
52       <INPUT TYPE="submit" VALUE="遞送">
53       <INPUT TYPE="reset" VALUE="取消">
```

```
54    </p><%
55    }

//關閉資料庫
56    stmt.close();
57    con.close();
58    %>
59    </body>
60    </html>
```

列 10~14 連接資料庫，建立操作物件。

列 15~21 宣告變數，讀取 session 網頁接續碼。

列 16~17 讀取前頁之 session 接續瑪。

列 18~19 將接續碼字串轉為數值，加 1 後，設定為本次題序編碼。

列 20~21 刪除舊 session 網頁接續碼，建立下一頁新 session 接續碼。

列 22~40 設定 SQL 指令，依序讀取問卷調查問題，並印出。

列 22　　設定 SQL 指令。

列 25~40 整齊印出本次問卷調查問題。

列 45~53 建立選擇鈕，填選問卷意見。

列 52　　配合列 27，驅動執行 09WriteForm.jsp。

列 56~57 關閉資料庫。

(3) 設計檔案 09WriteForm.jsp (將前頁選擇鈕內容，輸入資料庫，驅動 08VoteForm.jsp 選取下一個問卷調查問題)

```
01  <%@ page contentType="text/html;charset=big5" %>
02  <%@ page import= "java.sql.*, java.util.Date" %>
03  <html>
04  <head><title>WriteForm</title></head><body>
06  <%

//連接資料庫
07    String JDriver = "sun.jdbc.odbc.JdbcOdbcDriver";
08    String connectDB="jdbc:odbc:CloudSurvey";

09    Class.forName(JDriver);
10    Connection con = DriverManager.getConnection(connectDB);
11    Statement stmt = con.createStatement();
```

```
//宣告變數，讀取前頁選擇鈕之輸入內容
12   request.setCharacterEncoding("big5");
13   String voteCol= request.getParameter("QV");

14   int voteColInt= 0;
15   int voteTotal= 0;
16   int voteTotal_TEST= 0;

//讀取 session 網頁接續碼，建立本次題序編碼
17   String orderStr= session.getAttribute("Order").toString();
18   int orderInt= Integer.parseInt(orderStr);
19   int orderInt_TEST= orderInt + 1;

//設定 SQL 指令，將前頁選擇鈕內容，輸入資料庫
20   String sql1= "SELECT * FROM Questionnaire WHERE 編號= " +
                   orderInt + ";";

21   boolean flag= false;
22   if(session.getAttribute("Survey") == "true") flag= true;

23   if (stmt.execute(sql1) && flag)    {
24       ResultSet rs1 = stmt.getResultSet();
25       while(rs1.next()) {
26          voteColInt= rs1.getInt(voteCol) + 1;
27          voteTotal= rs1.getInt("總投票次數") + 1;
28       }

29       String sql2= "UPDATE Questionnaire SET " + voteCol + "= " +
                      voteColInt + ", 總投票次數= " + voteTotal +
                   " WHERE 編號= " + orderInt + ";";
30       stmt.executeUpdate(sql2);
31   }
32   out.print("<p>問卷投票已成功輸入資料庫 </p>");

//測試問卷調查問題是否結束，決定是否領取下一個問題
33   String sql3= "SELECT * FROM Questionnaire WHERE 編號= " +
                   orderInt_TEST + ";";

34   if (stmt.execute(sql3) && flag)    {
35       ResultSet rs3 = stmt.getResultSet();
36       while(rs3.next()) {
37          voteTotal_TEST= rs3.getInt("總投票次數");
```

```
38       }
39  }

40  if(voteTotal_TEST== 1000) {
41     out.print("問題調查完畢</A></p><p>");
42  }
43  else {
44     stmt.close();
45     con.close();
46     out.print("<A HREF=");
47     out.print("'08VoteForm.jsp'");
48     out.print(">領取下一調查問題</A></p><p>");
49  }

//關閉資料庫
50  stmt.close();
51  con.close();
52  %>
53  </body>
54  </html>
```

列 07~11 連接資料庫，建立操作物件。

列 12~16 宣告變數，讀取前頁選擇鈕之輸入內容。

列 17~19 讀取 session 網頁接續碼，建立本次題序編碼。

列 20~32 設定 SQL 指令，將前頁選擇鈕內容，輸入資料庫。

列 20~28 設定 SQL 指令，讀取資料表 Questionnaire 內容，將其中選擇鈕內容與總投票次數加 1。

列 29~30 設定 SQL 指令，以上述新得資料，更新資料表 Questionnaire。

列 33~49 測試問卷調查問題是否結束，決定是否領取下一個問題。

列 50~51 關閉資料庫。

(4) 執行檔案 07SetSession.jsp、08VoteForm.jsp、09WriteForm.jsp：(參考本系列書上冊範例 02、或本書附件 B 範例 firstJSP)

(a) 為了測試設計是否完整，檢視已將本例光碟 C:\BookCldApp2\Program\ch10 內 11 個檔案複製至目錄：C:\Program Files\Java\Tomcat 7.0\webapps\examples

(b) 重新啟動 Tomcat。

(c) 使用者開啟瀏覽器，使用網址：http://163.15.40.242:8080/examples/
01SurveyPage.jsp，其中 163.15.40.242 為網站主機之 IP，8080 為 port。
(注意：讀者實作時應將 IP 改成自己雲端網站之 IP)

(d) 按 問卷調查操作。

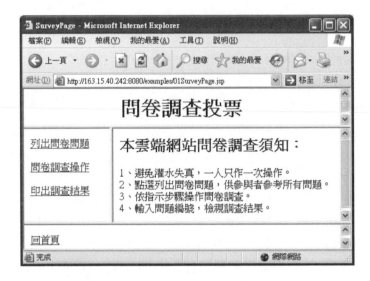

(e) 按 領取調查問題。

(f) 勾點 **選擇鈕** ＼ 按 **遞送** ＼ 領取下一個問題，直至問題調查完畢。(本例 4
題均選非常滿意)

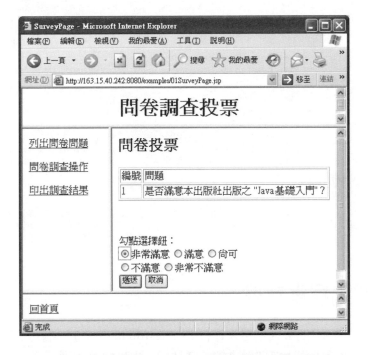

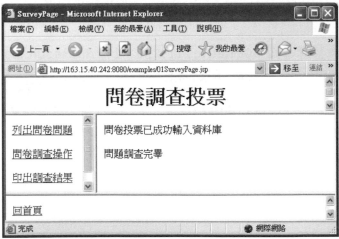

(g) 檢視資料表 Quesionnaire。(已輸入投票內容)

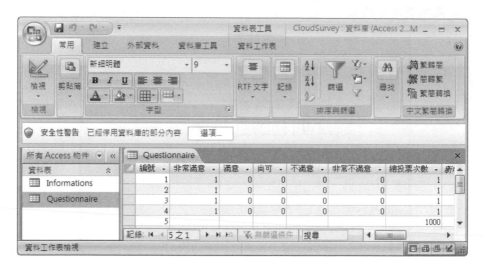

10-6 印出調查結果

　　於前節，已將投票內容寫入資料表 Questionnaire，於本節，依表單輸入之編碼，以百分比印出該問題之調查滿意度，提供決策參考。

> **範例 125**：設計檔案 10PrintResult.html、11PrintResult.jsp，使用資料庫 CloudSurvey.accdb，**印出調查結果**。

(1) 設計檔案 10PrintResult.html (建立表單，等待輸入問題編號，驅動執行 11PrintResult.jsp 印出該題調查結果，編輯於 C:\BookCldApp2\Program\ ch10)

```
01 <HTML>
02 <HEAD>
03 <TITLE>PrintResult</TITLE>
04 </HEAD>
05 <BODY>
06 <FORM METHOD="post" ACTION="11PrintResult.jsp">
07 <p align="left">
```

```
08 <font size="5"><b>印出問卷調查結果</b></font>
09 </p>
10 <p>  </p>
11 <p align="left">
12 問卷問題編號 <INPUT TYPE="text" NAME="Order" SIZE="10"><br>
13 </p>
14 <p>
15 <INPUT TYPE="submit" VALUE="遞送">
16 <INPUT TYPE="reset" VALUE="取消">
17 </FORM>
18 </BODY>
19 </HTML>
```

列 12   建立表單，等待輸入問卷調查問題之編碼。

列 15   配合列 06 驅動執行 11PrintResult.jsp。

(2) 設計檔案 11PrintResult.jsp(依前頁表單輸入之問題編號，印出該題調查結果)

```
01 <%@ page contentType="text/html;charset=big5" %>
02 <%@ page import= "java.sql.*, java.util.Date" %>
03 <html>
04 <head><title>WriteForm</title></head><body>
05 <%

//連接資料庫
06   String JDriver = "sun.jdbc.odbc.JdbcOdbcDriver";
07   String connectDB="jdbc:odbc:CloudSurvey";

08   Class.forName(JDriver);
09   Connection con = DriverManager.getConnection(connectDB);
10   Statement stmt = con.createStatement();

//讀取前頁表單輸入問卷調查問題之編碼
11   request.setCharacterEncoding("big5");
12   String orderStr = request.getParameter("Order");
13   int orderInt= Integer.parseInt(orderStr);

//設定 SQL 指令，依編碼印出資料表 Informations 該問題之內容
14   String sql1="SELECT * FROM Informations WHERE 編號 = "  +
                  orderInt + ";";
15   if (stmt.execute(sql1))   {
16       ResultSet rs1 = stmt.getResultSet();
```

```
17        %><TABLE BORDER= "1">
18        <TR><TD>編號</TD><TD>問題</TD></TR><%
19        while (rs1.next()) {
20          String indexStr= rs1.getString("編號");
21          String questionStr= rs1.getString("問題");
22          out.print("<TR>");
23          out.print("<TD>");
24              out.print(indexStr);
25          out.print("</TD>");
26          out.print("<TD>");
27              out.print(questionStr);
28          out.print("</TD>");
29        }
30        out.print("</TABLE><P></P>");
31    }
```

//設定 SQL 指令，依編碼將該問題投票內容，以百分比印出

```
32  String sql2= "SELECT * FROM Questionnaire WHERE 編號= " +
                  orderInt + ";";
33  if (stmt.execute(sql2))   {
34      ResultSet rs2 = stmt.getResultSet();
35      while(rs2.next()) {
36        int col1= rs2.getInt("非常滿意");
37        int col2= rs2.getInt("滿意");
38        int col3= rs2.getInt("尚可");
39        int col4= rs2.getInt("不滿意");
40        int col5= rs2.getInt("非常不滿意");
41        int col6= rs2.getInt("總投票次數");

42        out.print("非常滿意:  " + ((col1*100)/col6) + "%" + "<br>");
43        out.print("滿意:      " + ((col2*100)/col6) + "%" + "<br>");
44        out.print("尚可:      " + ((col3*100)/col6) + "%" + "<br>");
45        out.print("不滿意:    " + ((col4*100)/col6) + "%" + "<br>");
46        out.print("非常不滿意: " + ((col5*100)/col6) + "%" + "<br>");
47      }
48  }
```

//關閉資料庫

```
49    stmt.close();
50    con.close();
51  %>
52  </body>
53  </html>
```

列 06~10 連接資料庫,建立操作物件。

列 11~13 讀取前頁表單輸入問卷調查問題之編碼。

列 14~31 設定 SQL 指令,依編碼印出資料表 Informations 該問題之內容。

列 32~48 設定 SQL 指令,依編碼將該問題投票內容,以百分比印出。

列 36~41 讀取資料表 Questionnaire 該問題之投票內容。

列 42~46 將該問題投票內容以百分比方式印出。

列 49~50 關閉資料庫。

(3) 執行檔案 10PrintResult.html、11PrintResult.jsp:(參考本系列書上冊
範例 02、或本書附件 B 範例 firstJSP)

(a) 為了測試設計是否完整,檢視已將本例光碟 C:\BookCldApp2\Program\
ch10 內 11 個檔案複製至目錄:C:\Program Files\Java\Tomcat 7.0\
webapps\examples

(b) 重新啟動 Tomcat。

(c) 使用者開啟瀏覽器,使用網址:http://163.15.40.242:8080/examples/
01SurveyPage.jsp,其中 163.15.40.242 為網站主機之 IP,8080 為 port。
(注意:讀者實作時應將 IP 改成自己雲端網站之 IP)

(d) 按 印出調查結果。

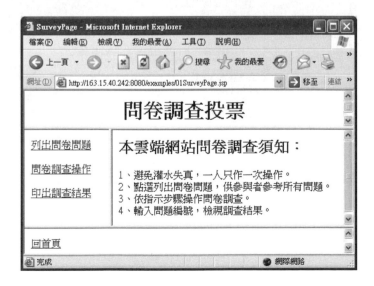

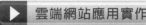

(e) 填入問卷問題編號(本例為 1) \ 按 遞送。

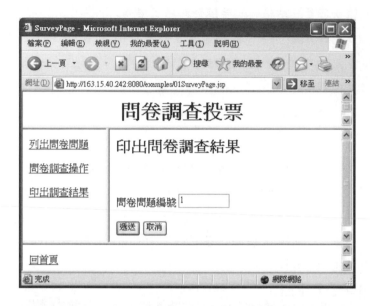

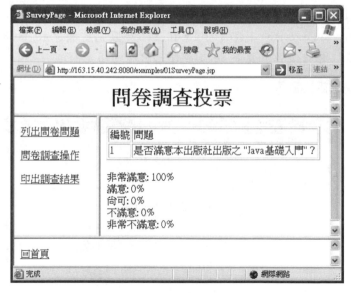

10-7 習題(Exercises)

1、試請自行設定多個問卷調查問題，模擬學校評量教師教學。

2、試請自行設定多個問卷調查問題，模擬評量政府施政成績。

note

第 11 章

網路競標雲端網站
NetworkS Bid

11-1 簡介

　　網路商品販售，已是今日重要的商業行為，免除店面負擔，又可廣大通路，在型式上可分為：(1)商品固定價格(如第八章)、(2)商品競標價格(如本章)，前者如一般銷售方式，由賣方設定價碼，買方不二價購買；後者賣方不設定價碼(或僅設定底標)，由買方競價。

　　本章範例為後者 "商品競價"，網路列出競標商品，購買者從中選定商品，提出較原標價為高之價格競標，截止時，由出價最高者得標。考量項目有：

(1) 設計雲端網頁分隔：(a)上端用於網頁標題、(b)中左端用於操作選項、(c)中右端用於執行操作與提示操作需知、(d)下端用於返回首頁。

(2) 建立雲端範例資料庫 CloudBid.accdb：(a)建立資料表 Informations，用於設定競標品項；(b)建立資料表 Bidders，用於儲存競標參與者註冊基本資料。

(3) 列出競標品項：為了讓競標者了解本網站有那些競標項目，於網站網頁列出所有競標品目。

(4) 競標操作：競標者依指示步驟執行競標操作，輸入品號，填入不低於原價目之競標價，參與競標。

(5) 印出競標結果：輸入競標品號，檢視競標結果，包括競標者基本資料與競標價。

11-2 建立範例資料庫

　　依本系列書上冊第七章，於本書光碟目錄 C:\BookCldApp2\Program\ch11\Database 建立雲端資料庫 CloudBid.accdb，於操作前，先建立 2 個基本資料表，且以 "CloudBid" 為資料來源名稱作 ODBC 設定。

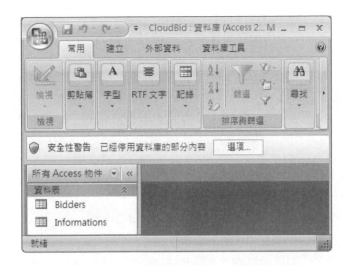

　　資料表 Informations 提供儲存競標資料，雲端管理員，先填入競標品項目，包括欄位品號、品名、最高競價、証號、時間。(雲端管理員先填入品號、品名、與競價底限，另外証號、時間，由應用程式自動輸入)

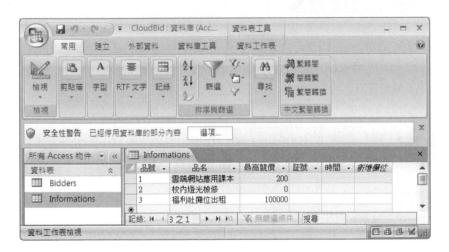

資料表 Bidders 提供儲存競標者之註冊基本資料，包括欄位証號、姓名、住址、電話。

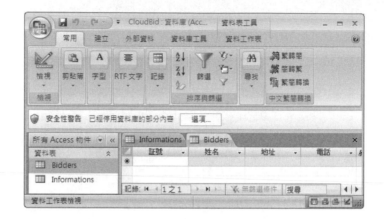

11-3 建立網頁分割

參考第四章，將本章範例網頁分隔成上、中左、中右、下 4 個區塊。於上端區塊，印出網頁標題；於中左端區塊控制執行項目，執行於中右端區塊；於下端區塊設定返回首頁機制。

> **範例 126**：設計檔案 01BidPage.jsp、02BidTop.jsp、03BidMid_1.jsp、04BidMid_2.jsp、05BidBtm.jsp，建立網頁分隔。

(1) 設計檔案 01BidPage.jsp (建立上、中左、中右、下網頁 4 區塊分隔位置與比例，編輯於 C:\BookCldApp2\Program\ch11)

```
01 <HTML>
02 <HEAD>
03 <TITLE>BidPage</TITLE>
04 </HEAD>
05 <FRAMESET ROWS= "15%, 75%, 10%" >
06   <FRAME NAME= "BidTop" SRC= "02BidTop.jsp">
07   <FRAMESET COLS= "20%,*">
08     <FRAME NAME= "BidMid_1" SRC= "03BidMid_1.jsp">
```

```
09    <FRAME NAME= "BidMid_2" SRC= "04BidMid_2.jsp">
10  </FRAMESET>
11  <FRAME NAME= "BidBtm" SRC= "05BidBtm.jsp">
12 </FRAMESET>
13 </HTML>
```

列 05　　設定區塊空間分配比例。

列 06~12 設定各區塊超連接之執行檔案。

(2) 設計檔案 02BidTop.jsp (執行於網頁上端區塊，用於網頁標題)

```
01 <%@ page contentType="text/html;charset=big5" %>
02 <html>
03 <head><title>BidTop</title></head>
04 <body>
05 <h1 align= "center">網路競標</h1>
06 </body>
07 </html>
```

列 05　　印出訊息。

(3) 設計檔案 03BidMid_1.jsp (於中左端區塊控制執行項目，執行結果顯示於
中右端區塊)

```
01 <%@ page contentType="text/html;charset=big5" %>
02 <html>
03 <head><title>BidMid_1</title></head>
04 <body>
05  <A HREF= "06Registry.html" TARGET= "BidMid_2">競標註冊</A><p>
06  <A HREF= "08ReadForm.jsp" TARGET= "BidMid_2">競標項目</A><p>
07  <A HREF= "09Login.html" TARGET= "BidMid_2">競標操作</A><p>
08  <A HREF= "13PrintBid.html" TARGET= "BidMid_2">競標結果</A><p>
09 </body>
10 </html>
```

列 05~08 於中左端控制執行項目，執行結果顯示於中右端區塊。

(4) 設計檔案 04BidMid_2.jsp (於中右區塊印出訊息)

```
01 <%@ page contentType="text/html;charset=big5" %>
02 <html>
03 <head><title>BidMid_2</title></head>
04 <body>
05 <h2 align= "left">本雲端網站競標操作須知：</h2>
```

```
06 <align= "left"><p></p>
07   1、競價者須先向本網站註冊,填寫基本資料。<br>
08   2、點選競標項目,可檢視所有競標品項目、與最近競價。<br>
09   3、輸入証號登入,依指示步驟執行競標操作。<br>
10   4、管理員輸入競標品號,檢視競標結果。<br>

11 </body>
12 </html>
```

列 07~10 印出競標須知訊息。

(5) 設計檔案 05ExamBtm.jsp (於下端區塊設定返回首頁機制)

```
01 <%@ page contentType="text/html;charset=big5" %>
02 <html>
03 <head><title>BidBtm</title></head>
04 <body>
05 <a href= "01BidPage.jsp" target= "_top">回首頁</a>
06 </body>
07 </html>
```

列 05   於下端區塊設定返回首頁機制。

(6) 為了避免前章同名稱程式檔案之干擾,依附件 B **重新安裝 Tomcat 系統**。

(7) 執行項(1)~(5)檔案: (參考本系列書上冊範例 02、或本書附件 B 範例 firstJSP)

(a) 為了測試設計是否完整,將本例光碟 C:\BookCldApp2\Program\ch11 內 14 個檔案複製至目錄:C:\Program Files\Java\Tomcat 7.0\webapps\examples

(b) 重新啟動 Tomcat。

(c) 使用者開啟瀏覽器,使用網址:http://163.15.40.242:8080/examples/01BidPage.jsp,其中 163.15.40.242 為網站主機之 IP,8080 為 port。(注意:讀者實作時應將 IP 改成自己雲端網站之 IP)

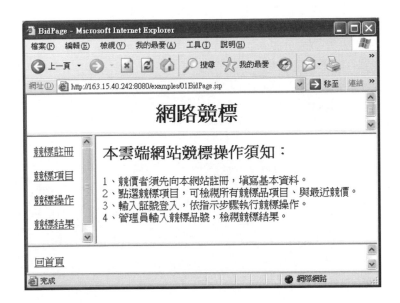

11-4 競標者註冊(Registry)

　　為了方便資料管理，競標資格審核，得標者後續作業，競標者應於參加競標之前，依規定期限，向雲端網站報名註冊，填寫基本資料，完成有關手續。

> **範例 127**：設計檔案 06Registry.html、07Registry.jsp，使用資料庫 CloudBid.accdb，**提供競標者註冊，取得競標資格。**

(1) 設計檔案 **06Registry.html**(提供競標者註冊，建立表單，等待填入基本資料，編輯於 C:\BookCldApp2\Program\ch11)

```
01 <HTML>
02 <HEAD>
03 <TITLE>Registry</TITLE>
04 </HEAD>
05 <BODY>
06 <FORM METHOD="post" ACTION="07Registry.jsp">
07 <p align="left">
08 <font size="5"><b>競標人註冊基本資料</b></font>
```

```
09 </p>
10 <p>  </p>
11 <p align="left">
12 競標人証號 <INPUT TYPE="text" NAME="ID" SIZE="20"><br>
13 競標人姓名 <INPUT TYPE="text" NAME="name" SIZE="10"><br>
14 競標人地址 <INPUT TYPE="text" NAME="addr" SIZE="40"><br>
15 競標人電話 <INPUT TYPE="text" NAME="tel" SIZE="20"><br>
16 </p>
17 <p>
18 <INPUT TYPE="submit" VALUE="遞送">
19 <INPUT TYPE="reset" VALUE="取消">
20 </FORM>
21 </BODY>
22 </HTML>
```

列 12~15 建立表單，等待競標者填入註冊資料。

列 18　　配合列 06 驅動執行 07Registry.jsp。

(2) **設計檔案 07Registry.jsp** (由 06Registry.html 驅動執行，將表單之輸入內容，寫入資料庫)

```
01 <%@ page contentType= "text/html;charset=big5" %>
02 <%@ page import= "java.sql.*, java.util.Date" %>
03 <html>
04 <head><title>Registry</title></head><body>
05 <p align="left">
06 <font size="5"><b>競標人基本資料</b></font></p><p>
07 <%

//連接資料庫
08   String JDriver = "sun.jdbc.odbc.JdbcOdbcDriver";
09   String connectDB="jdbc:odbc:CloudBid";

10   Class.forName(JDriver);
11   Connection con = DriverManager.getConnection(connectDB);
12   Statement stmt = con.createStatement();

//讀取前頁表單之輸入內容
13   request.setCharacterEncoding("big5");
14   String idStr= request.getParameter("ID");
15   String nameStr= request.getParameter("name");
16   String addrStr= request.getParameter("addr");
17   String telStr= request.getParameter("tel");
```

```
//設定 SQL 指令，將讀取資料寫入資料庫
18   String sql= "INSERT INTO Bidders " +
               " (証號, 姓名, 地址, 電話) " +
               " VALUES('" + idStr + "','" + nameStr + "','" +
                 addrStr + "','" + telStr + "')";
19   stmt.executeUpdate(sql);

20   out.print(nameStr + "  已成功填寫競標人基本資料!! <br>");

//關閉資料庫
21   stmt.close();
22   con.close();
23 %>
24 </body>
25 </html>
```

列 08~12 連接資料庫，建立資料庫操作物件。

列 13~17 讀取前頁表單之輸入內容。

列 18~19 設定 SQL 指令，將讀取表單之資料寫入資料庫。

列 20　　 印出訊息。

列 21~22 關閉資料庫。

(3) 執行檔案 06Registry.html、07Registry.jsp：(參考本系列書上冊範例 02、或本書附件 B 範例 firstJSP)

　　(a) 為了測試設計是否完整，檢視已將本例光碟 C:\BookCldApp2\Program\ch11 內 14 個檔案複製至目錄：C:\Program Files\Java\Tomcat 7.0\webapps\examples。(注意：在實際使用時，為了維護報名紀律，只有在註冊規定期限內才複製)

　　(b) 重新啟動 Tomcat。

　　(c) 使用者開啟瀏覽器，使用網址：http://163.15.40.242:8080/examples/01BidPage.jsp，其中 163.15.40.242 為網站主機之 IP，8080 為 port。(注意：讀者實作時應將 IP 改成自己雲端網站之 IP)

(d) 按 競標註冊。

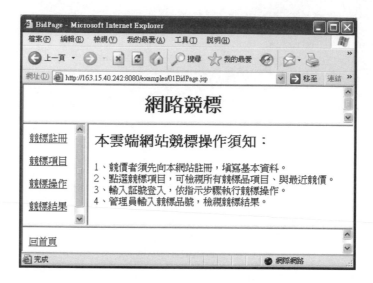

(e) 於表單填入資料 \ 按 遞送。

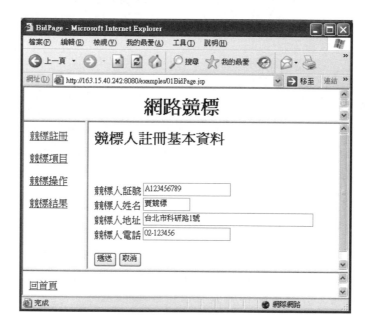

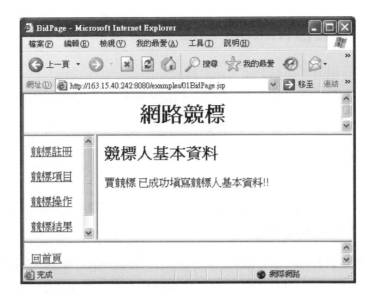

(f) 檢視資料表 Bidders。(已將資料寫入)

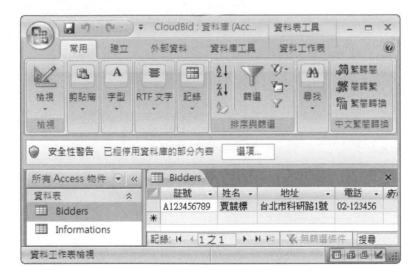

11-5 競標項目(Inspecting Items)

　　為了讓競標者在競標之前，先了解雲端網站有哪些競標品項目，本章範例於網頁列出目前所有競標品與最近競標價，競標者可視需要參加競標。

　　管理員已將競標品項目，先儲存在資料表 Informations 內(如 10-2 節)，本節設計 08ReadForm.jsp 讀取所有競標品項目。

> **範例 128**：設計檔案 08ReadForm.jsp，使用資料庫 CloudBid.accdb，
> 網頁列出所有競標品項目。

(1) 設計檔案 08ReadForm.jsp (印出資料表 Informations 內之所有競標品目，編輯於 C:\BookCldApp2\Program\ch11)

```
01 <%@ page contentType="text/html;charset=big5" %>
02 <%@ page import= "java.sql.*" %>
03 <%@ page import= "java.io.*" %>
04 <html>
05 <head><title>ReadForm</title></head><body>
06 <p align="left">
07 <font size="5"><b>列出競標產品項目</b></font>
08 </p>
09 <%

//連接資料庫
10  String JDriver = "sun.jdbc.odbc.JdbcOdbcDriver";
11  String connectDB="jdbc:odbc:CloudBid";

12  Class.forName(JDriver);
13  Connection con = DriverManager.getConnection(connectDB);
14  Statement stmt = con.createStatement();

//建立 SQL 指令，讀取競標品目，並整齊印出
15  request.setCharacterEncoding("big5");
16  String sql="SELECT * FROM Informations" ;

17  if (stmt.execute(sql)) {
18     ResultSet rs = stmt.getResultSet();
19     %><TABLE BORDER= "1">
```

```
20      <TR><TD>品號</TD><TD>品名</TD>
            <TD>最高競價</TD> </TR><%
21      while (rs.next()) {
22        String indexStr= rs.getString("品號");
23        String productStr= rs.getString("品名");
24        int priceInt= rs.getInt("最高競價");
25        out.print("<TR>");
26        out.print("<TD>");  out.print(indexStr);  out.print("</TD>");
27        out.print("<TD>");  out.print(productStr); out.print("</TD>");
28        out.print("<TD>");  out.print(priceInt);  out.print("</TD>");
29        out.print("</TR>");
30      }
31      out.print("</TABLE><P></P>");
32  }

//關閉資料庫
33  stmt.close();
34  con.close();
35 %>
36 </body>
37 </html>
```

列 10~14 連接資料庫，建立操作物件。

列 15~32 設定 Sql 指令，以表格整齊印出資料表 Informations 內之所有競標
品項目。

列 33~34 關閉資料庫。

(2) 執行檔案 08ReadForm.jsp：(參考本系列書上冊範例 02、或本書附件 B
範例 firstJSP)

(a) 為了測試設計是否完整，檢視已將本例光碟 C:\BookCldApp2\Program\
ch11 內 14 個檔案複製至目錄：C:\Program Files\Java\Tomcat 7.0\
webapps\examples

(b) 重新啟動 Tomcat。

(c) 使用者開啟瀏覽器，使用網址：http://163.15.40.242:8080/examples/
01BidPage.jsp，其中 163.15.40.242 為網站主機之 IP，8080 為 port。(注
意：讀者實作時應將 IP 改成自己雲端網站之 IP)

(d) 按 競標項目。

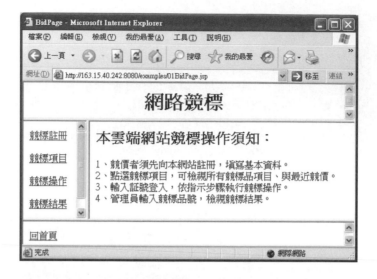

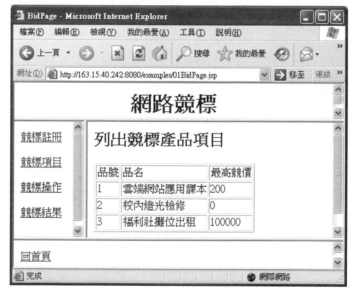

11-6 競標操作(Bidding)

　　競標者選定競標品目後，即可參與投標作業，執行內容：(1)建立表單，等待競標者輸入証號，登入執行競標操作；(2)檢驗競標人是否已合法註冊，如果為合法競標人，領取標單，否則返回首頁；(3)印出競標品名稱與最高競價，提供競標者參考，並提出新競價金額，如果新競價高於舊競價，則將新競價寫入資料庫，否則返回首頁。

範例 129：設計檔案 09Login.html、10Login.jsp、11BidForm.jsp、12WriteForm.jsp，使用資料庫 CloudBid.accdb，執行競標操作。

---

(1) 設計檔案 09Login.html（建立表單，等待競標者輸入証號，登入執行競標操作，編輯於 C:\BookCldApp2\Program\ch11）

```
01 <HTML>
02 <HEAD>
03 <TITLE>Login</TITLE>
04 </HEAD>
05 <BODY>
06 <FORM METHOD="post" ACTION="10Login.jsp">
07 <p align="left">
08 <font size="5"><b>競標操作</b></font>
09 </p>
10 <p>  </p>
11 <p align="left">
12  競標人証號 <INPUT TYPE="text" NAME="ID" SIZE="20"><br>
13 </p>
14 <p>
15 <INPUT TYPE="submit" VALUE="遞送">
16 <INPUT TYPE="reset" VALUE="取消">
17 </FORM>
18 </BODY>
19 </HTML>
```

列 12　　建立表單，等待競標者輸入証號，登入執行競標操作。

列 15　　配合列 06，驅動執行 10Login.jsp。

(2) 設計檔案 10Login.jsp（由 09Login.html 驅動執行，檢驗競標人是否已合法註冊，如果為合法競標人，領取標單，否則返回首頁，驅動 10Login.jsp）

```
01 <%@ page contentType="text/html;charset=big5" %>
02 <%@ page import= "java.sql.*" %>
03 <html>
04 <head><title>Login</title></head><body>
```

```
05 <p align="left">
06 <%
```

//連接資料庫
```
07   String JDriver = "sun.jdbc.odbc.JdbcOdbcDriver";
08   String connectDB="jdbc:odbc:CloudBid";
```

```
09   Class.forName(JDriver);
10   Connection con = DriverManager.getConnection(connectDB);
11   Statement stmt = con.createStatement();
```

//讀取前頁表單輸入之証號
```
12   request.setCharacterEncoding("big5");
13   String numStr = request.getParameter("ID");
```

//設定 SQL 指令，檢驗競標人是否已合法註冊
```
14   String sql1="SELECT *  FROM Bidders WHERE 証號='" +
                 numStr  + "';";
```

```
15   ResultSet rs = stmt.executeQuery(sql1);
16   boolean flag = false;
17   while(rs.next()) flag = true;
```

//如果為合法競標人，領取標單，否則返回首頁
```
18   if(flag){
19      out.print("競標人証號正確,請依指示步驟競標!! <p></p>");
```

```
20      session = request.getSession();
21      session.setAttribute("Bid", "true");
22      session.setAttribute("ID", numStr);
```

```
23      out.print("<FORM METHOD=post  ACTION=11BidForm.jsp>");
24      out.print("輸入競標項目品號： <INPUT TYPE= text NAME= itemNum " +
                " SIZE= " + 3 + "><p></p>");
25      out.print("<INPUT TYPE=submit VALUE=\"領取競標單\">");
26   }
27   else{
28       out.print("競標人証號有誤,登入失敗!! <br>");
29       %>
30       <a href= "01BidPage.jsp" target= "_top">回首頁</a>
31       <%
32   }
```

```
//關閉資料庫
33  stmt.close();
34  con.close();
35  %>
36  </body>
37  </html>
```

列 07~11 連接資料庫，建立資料庫操作物件。

列 12~13 讀取前頁表單輸入之証號。

列 14~17 設定 SQL 指令，檢驗競標人是否已合法註冊。

列 17　　如果比對成功，設定成功旗標。

列 18~32 如果為合法競標人，領取標單，否則返回首頁。

列 20~22 建立 session 網頁接續碼，用於爾後被驅動網頁。

列 23~25 驅動執行 11BidForm.jsp，領取標單。

列 24　　建立表單，等待輸入競標品號。

列 33~34 關閉資料庫。

(3) 設計檔案 11BidForm.jsp（由 10Login.jsp 驅動執行，印出競標品名稱與最高競價，驅動 12WriteForm.jsp 競價投標）

```
01 <%@ page contentType="text/html;charset=big5" %>
02 <%@ page import= "java.sql.*" %>
03 <%@ page import= "java.io.*" %>
04 <html>
05 <head><title>BidForm</title></head><body>
06 <p align="left">
07 <font size="5"><b>競標操作</b></font></p><p>
08 </p>
09 <%

//連接資料庫
10  String JDriver = "sun.jdbc.odbc.JdbcOdbcDriver";
11  String connectDB="jdbc:odbc:CloudBid";

12  Class.forName(JDriver);
13  Connection con = DriverManager.getConnection(connectDB);
14  Statement stmt = con.createStatement();

//讀取前頁表單輸入之品號
```

```
15  request.setCharacterEncoding("big5");
16  String itemStr= request.getParameter("itemNum");

//設定 SQL 指令，印出該競標品名稱與最高競價，並競價投標
17  String sql="SELECT * FROM Informations WHERE 品號 = '"  +
                itemStr + "';";


18  session= request.getSession();
19  session.setAttribute("Order", itemStr);
20  boolean flag= false;
21  if(session.getAttribute("Bid") == "true") flag= true;


22  if (stmt.execute(sql) && flag)   {
23      ResultSet rs = stmt.getResultSet();
24      %><TABLE BORDER= "1">
25      <TR><TD>品號</TD><TD>品名</TD>
              <TD>最高競價</TD> </TR><%
26      while (rs.next()) {
27        String productStr= rs.getString("品名");
28        int priceInt= rs.getInt("最高競價");
29        out.print("<TR>");
30        out.print("<TD>");  out.print(itemStr);  out.print("</TD>");
31        out.print("<TD>");  out.print(productStr); out.print("</TD>");
32        out.print("<TD>");  out.print(priceInt);  out.print("</TD>");
33        out.print("</TR>");
34      }
35      out.print("</TABLE><P></P>");

36      out.print("<FORM METHOD=post  ACTION=12WriteForm.jsp>");
37      out.print("輸入競標價：(必須大於原競價)<BR>");
38      out.print("<INPUT TYPE= text NAME= price " +
                  " SIZE= " + 10 + "><p></p>");
39      out.print("<INPUT TYPE=submit VALUE=\"遞送\">");
40  }

//關閉資料庫
41  stmt.close();
42  con.close();
43 %>
44 </body>
45 </html>
```

列 10~14 連接資料庫，建立資料庫操作物件。

列 15~16 讀取前頁表單輸入之品號。

列 17~40 設定 SQL 指令，印出該競標品名稱與最高競價，並競價投標。

列 18~21 讀取 session 網頁接續碼，設定競標品號、與檢驗合法網頁。

列 22~35 如果本頁為合法網頁，則印出競標品名稱與最高競價。

列 36~39 建立表單，等待輸入本次投標金額，並驅動執行 12WriteForm.jsp。

列 41~42 關閉資料庫。

(4) 設計檔案 12WriteForm.jsp (由 11BidForm.jsp 驅動執行，如果新競價高於舊競價，則將新競價寫入資料庫，否則返回首頁)

```
01  <%@ page contentType="text/html;charset=big5" %>
02  <%@ page import= "java.sql.*, java.util.Date" %>
03  <html>
04  <head><title>WriteForm</title></head><body>
05  <%

//連接資料庫
06   String JDriver = "sun.jdbc.odbc.JdbcOdbcDriver";
07   String connectDB="jdbc:odbc:CloudBid";

08   Class.forName(JDriver);
09   Connection con = DriverManager.getConnection(connectDB);
10   Statement stmt = con.createStatement();

//宣告變數，建立資料數據
11   request.setCharacterEncoding("big5");
12   Date timeDate= new Date();
13   String timeStr= timeDate.toLocaleString();
14   String priceStr= request.getParameter("price");
15   int priceInt_New= Integer.parseInt(priceStr);
16   int priceInt_Old= 0;
17   String orderStr= session.getAttribute("Order").toString();
18   String idStr= session.getAttribute("ID").toString();

//設定 SQL 指令，確認新競標價高於原競標價，並輸入資料庫
19   String sql1= "SELECT * FROM Informations WHERE 品號= '" +
                  orderStr + "';";
20   boolean flag= false;
```

```
21  if(session.getAttribute("Bid") == "true") flag= true;

22  if (stmt.execute(sql1) && flag)    {
23      ResultSet rs1 = stmt.getResultSet();
24      while(rs1.next())
25          priceInt_Old= rs1.getInt("最高競價");
26  }

27  if(priceInt_New <= priceInt_Old) {
28      %>
29      <a href= "01BidPage.jsp" target= "_top">標價錯誤按此回首頁</a>
30      <%
31  }
32  else {
33      String sql2= "UPDATE Informations SET 最高競價= " +
                      priceInt_New + ", 証號= '" + idStr +
                      "', 時間= '" + timeStr +
                      "' WHERE 品號= '" + orderStr + "';";
34      stmt.executeUpdate(sql2);

35      out.print("<p>競標資料已成功輸入資料庫 </p>");

36      stmt.close();
37      con.close();
38  }
39  %>
40  </body>
41  </html>
```

列 06~10 連接資料庫，建立資料庫操作物件。

列 11~18 宣告變數，建立資料數據。

列 12~13 讀取雲端網站之時間。

列 14~15 讀取前網頁表單輸入之最新競標金額。

列 17~18 讀取 session 網頁接續碼，建立品號與証號。

列 19~38 設定 SQL 指令，確認新競標價高於原競標價，並輸入資料庫。

列 22~26 讀取資料表 Informations 原有最高競價。

列 27~38 如果新競價高於舊競價，則將新競價寫入資料庫，否則返回首頁。

(5) 執行項(1)~(4)檔案：(參考本系列書上冊範例 02、或本書附件 B 範例 firstJSP)

(a) 為了測試設計是否完整，檢視已將本例光碟 C:\BookCldApp2\Program\ ch11 內 14 個檔案複製至目錄：C:\Program Files\Java\Tomcat 7.0\ webapps\examples

(b) 重新啟動 Tomcat。

(c) 使用者開啟瀏覽器，使用網址：http://163.15.40.242:8080/examples/ 01BidPage.jsp，其中 163.15.40.242 為網站主機之 IP，8080 為 port。(注意：讀者實作時應將 IP 改成自己雲端網站之 IP)

(d) 按 競標操作。

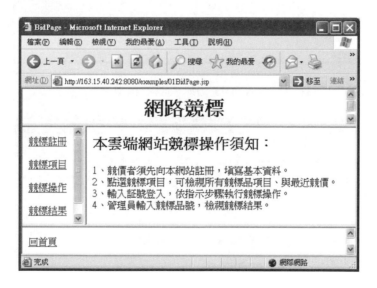

(e) 輸入競標人証號(本例為 A123456789) \ 按 遞送。

(f) 輸入競標項目品號(本例為 1) \ 按 領取競標單。

(g) 輸入競標價(本例為 250)\ 按 遞送。

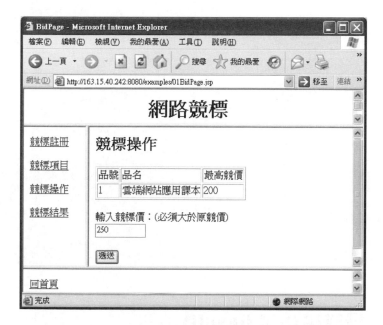

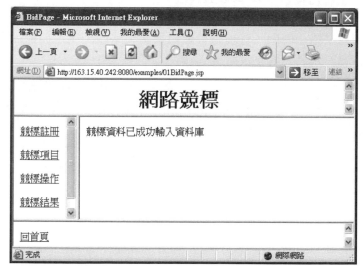

(h) 檢視資料表 Informations。(已輸入新的最近競價、與時間)

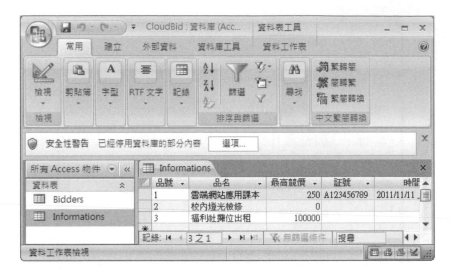

11-7 競標結果(Bid Result)

　　於競標規定結止時間，管理員檢視競標結果。印出指定競標品目，與得標者投標時間、姓名，地址、電話。

範例 130：設計檔案 13PrintBid.html、14PrintBid.jsp，使用資料庫 CloudBid.accdb，印出競標結果。

---

(1) 設計檔案 13PrintBid.html (建立表單，等待輸入競標品號，驅動執行 14PrintBid.jsp，編輯於 C:\BookCldApp2\Program\ch11)

```
01 <HTML>
02 <HEAD>
03 <TITLE>PrintResult</TITLE>
04 </HEAD>
05 <BODY>
06 <FORM METHOD="post" ACTION="14PrintBid.jsp">
07 <p align="left">
08 <font size="5"><b>印出競標結果</b></font>
```

```
09 </p>
10 <p>  </p>
11 <p align="left">
12 競標項目品號 <INPUT TYPE="text" NAME="Order" SIZE="5"><br>
13 </p>
14 <p>
15 <INPUT TYPE="submit" VALUE="遞送">
16 <INPUT TYPE="reset" VALUE="取消">
17 </FORM>
18 </BODY>
19 </HTML>
```

列 12　　　建立表單，等待輸入競標品號。

列 15　　　配合列 06，驅動執行 14PrintBid.jsp。

(2) 設計檔案 14PrintBid.jsp (由 13PrintBid.html 驅動執行，設定 SQL 指令，
　　印出指定競標品目之品號、品名、最高競價，並印出得標者之時間、証號、
　　姓名，地址、電話)

```
01 <%@ page contentType="text/html;charset=big5" %>
02 <%@ page import= "java.sql.*, java.util.Date" %>
03 <html>
04 <head><title>PrintBid</title></head><body>
05 <%

//連接資料庫
06   String JDriver = "sun.jdbc.odbc.JdbcOdbcDriver";
07   String connectDB="jdbc:odbc:CloudBid";

08   Class.forName(JDriver);
09   Connection con = DriverManager.getConnection(connectDB);
10   Statement stmt = con.createStatement();

//宣告變數
11   request.setCharacterEncoding("big5");
12   String orderStr = request.getParameter("Order");
13   int orderInt= Integer.parseInt(orderStr);
14   String idStr= "";
15   String timeStr= "";

//設定 SQL 指令，印出指定競標品目之品號、品名、最高競價
16   String sql1= "SELECT * FROM Informations WHERE 品號= '" +
```

```
                         orderStr + "';";

17   %><font size="2"><b>競標商品</b></font></p><p><%

18   if (stmt.execute(sql1)) {
19       ResultSet rs1 = stmt.getResultSet();
20       %><TABLE BORDER= "1">
21       <TR><TD>品號</TD><TD>品名</TD>
               <TD>最高競價</TD> </TR><%
22       while (rs1.next()) {
23           String itemStr= rs1.getString("品名");
24           int priceInt= rs1.getInt("最高競價");
25           idStr= rs1.getString("証號");
26           timeStr= rs1.getString("時間");
27           out.print("<TR>");
28           out.print("<TD>");  out.print(orderStr);  out.print("</TD>");
29           out.print("<TD>");  out.print(itemStr);  out.print("</TD>");
30           out.print("<TD>");  out.print(priceInt);  out.print("</TD>");
31           out.print("</TR>");
32       }
33     out.print("</TABLE><P></P>");
34   }
```

//設定 SQL 指令，印出得標者之時間、証號、姓名，地址、電話
```
35   String sql2= "SELECT * FROM Bidders WHERE 証號= '" + idStr + "';";

36   %><font size="2"><b>最高標價得標者</b></font></p><p><%

37   if (stmt.execute(sql2)) {
38       ResultSet rs2 = stmt.getResultSet();
39       %><TABLE BORDER= "1">
40       <TR><TD>時間</TD><TD>証號</TD><TD>姓名</TD>
               <TD>地址</TD><TD>電話</TD> </TR><%

41       while (rs2.next()) {
42           String nameStr= rs2.getString("姓名");
43           String addrStr= rs2.getString("地址");
44           String telStr= rs2.getString("電話");
45           out.print("<TR>");
46           out.print("<TD>");  out.print(timeStr);  out.print("</TD>");
47           out.print("<TD>");   out.print(idStr);  out.print("</TD>");
48           out.print("<TD>");  out.print(nameStr);  out.print("</TD>");
49           out.print("<TD>");  out.print(addrStr);  out.print("</TD>");
```

```
50        out.print("<TD>");  out.print(telStr);  out.print("</TD>");
51        out.print("</TR>");
52    }
53    out.print("</TABLE><P></P>");
54  }

//關閉資料庫
55  stmt.close();
56  con.close();
57  %>
58  </body>
59  </html>
```

列 06~10 連接資料庫,建立資料庫操作物件。

列 11~15 宣告變數。

列 12~13 讀取前網頁輸入之品號。

列 16~34 設定 SQL 指令,印出指定競標品目之品號、品名、最高競價。

列 23~26 讀取資料表 Informations 之品名、最高競價,証號、時間。

列 27~31 表格印出指定競標品目之品號、品名、最高競價。

列 35~54 設定 SQL 指令,印出得標者之時間、証號、姓名,地址、電話。

列 42~44 讀取資料表 Bidders 之姓名、地址,電話。

列 45~51 整齊印出得標者之時間、証號、姓名,地址、電話。

列 55~54 關閉資料庫。

(3) 執行檔案 13PrintBid.html、14PrintBid.jsp:(參考本系列書上冊範例 02、
或本書附件 B 範例 firstJSP)

(a) 為了測試設計是否完整,檢視已將本例光碟 C:\BookCldApp2\Program\
ch11 內 14 個檔案複製至目錄:C:\Program Files\Java\Tomcat 7.0\
webapps\examples。(注意:為了維護競標人隱私,在競標未結止前,暫
不複製 13PrintBid.html、14PrintBid.jsp)

(b) 重新啟動 Tomcat。

(c) 使用者開啟瀏覽器，使用網址：http://163.15.40.242:8080/examples/ 01BidPage.jsp，其中 163.15.40.242 為網站主機之 IP，8080 為 port。(注意：讀者實作時應將 IP 改成自己雲端網站之 IP)

(d) 按 競標結果。

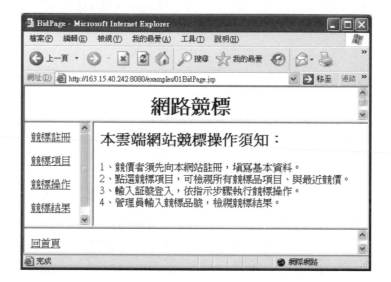

(e) 填入競標項目品號。(本例為 1)

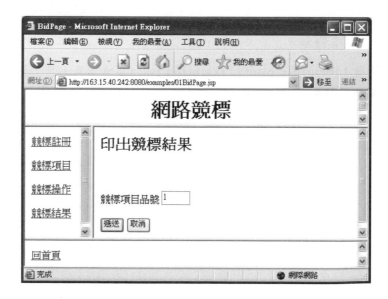

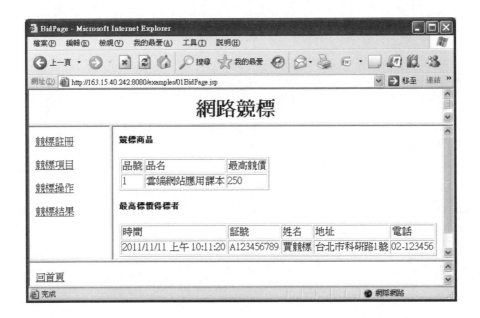

11-8 習題(Exercises)

1、網路商品販售,常用型式有那兩種?其意義為何?

2、試請於本章範例,增加設計到期機制,由管理員設定日期,到期時自動印出競標結果。

note

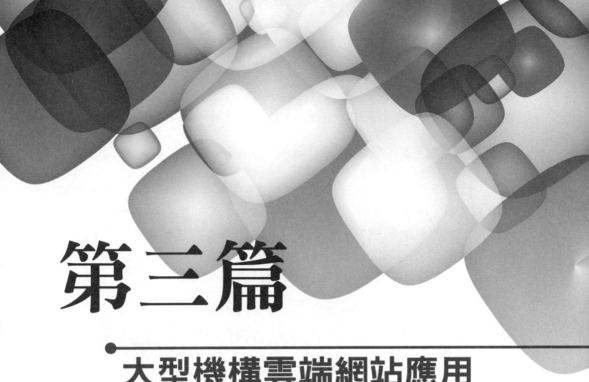

第三篇

大型機構雲端網站應用
Large Organization Cloud

　　大型機構之功能雲端網站，在程式編輯上，應是非常龐大且複雜，本書限於篇幅，僅就代表性的設計方法，介紹如何設計銀行雲端網站，在設計上考量：(1)為了增進程式的可讀性、與節省編譯代價，我們介紹 Java Bean 的設計、關聯、參數、標籤等使用；(2)因銀行網站更需安全維護，我們介紹使用者安全認証、網頁認証、帳號安全接續傳遞；(3)大型機構必有多個部門，彼此分擔功能且又相互支援，我們介紹如何利用資料庫，支援各部門間之工作關聯。

第十二章 Java Bean 應用

　　為了增進程式之可讀性、與功能性，我們將某特定功能的程式片段以副程式、包裹等方式撰寫，先儲置於功能程式庫。當設計一個複雜困難的程式時，可於程式庫抓取需要的功能程式，使程式容易設計、容易執行、容易了解。Java Bean 是 JSP 系統標籤嵌入程式之一種，將最常用的個別功能程序，以包裹方式儲置於 Tomcat 之目錄 class 內，支援 JSP 程式作功能執行。當設計 JSP 資料庫程式時，其中必定會一再重複作存取動作，此時我們可設計一個存取 Java Bean，需要時抓取使用即可，省時省力。尤其是大型機構雲端網站之網頁設計，有許多重複動作，更將顯現 Java Bean 之意義。配合 JSP 之預設類別，以 scope 設定不同層面之生存週期(Life Time)，因應不同系列網頁之需要。

第十三章 網路銀行雲端網站(Bank System Cloud)

一個銀行雲端系統，應是非常龐大複雜，其工作內容包括：(1)分行作業、(2)行員資料、(3)客戶資料、(4)開戶作業、(5)存款作業、(6)提款作業、(7)轉帳作業、(8)利率作業、(9)匯率作業、(10)信用卡作業等林林總總。限於篇幅與強調代表性功能，本章僅就：(1)行員資料、(2)客戶資料、(3)開戶作業、(4)存款作業、(5)提款作業、(6)轉帳作業，藉教學範例介紹。

第 **12** 章

Java Bean應用

12-1 簡介

　　為了增進程式之可讀性、與功能性，我們將某特定功能的程式片段以副程式、包裹等方式撰寫，先儲置於功能程式庫。當設計一個複雜困難的程式時，可於程式庫抓取需要的功能程式，使程式容易設計、容易執行、容易了解。

　　Java Bean 是 JSP 系統標籤嵌入程式之一種，將最常用的個別功能程序，以包裹方式儲置於 Tomcat 之目錄 class 內，支援 JSP 程式作功能執行。當設計 JSP 資料庫程式時，其中必定會一再重複作存取動作，此時我們可設計一個存取 Java Bean，需要時抓取使用即可，省時省力。尤其是大型機構雲端網站之網頁設計，有許多重複動作，更將顯現 Java Bean 之意義。

　　配合 JSP 之預設類別，以 scope 設定不同層面之生存週期(Life Time)，因應不同系列網頁之需要。

12-2 建立 Java Bean

　　Java Bean 是以 Java 程式設計建立，使用 Dos(命令提示字元) 視窗編譯，將新產生的 Class 檔案連同其所屬包裹，複製儲存至 Tomcat 指定目錄內，等待爾後 JSP 程式來抓取使用。

範例 131：設計檔案 ValueBean.java，建立 Java Bean，提供 JSP 程式標籤嵌入使用，其功能為以單價(price)、數量(number) 計算求取總價 (totalValue)。

---

(1) 設計檔案 ValueBean.java：(為本章各範例 Java Bean，編輯於 C:\ BookCldApp2\Program\ch12)

```
01 package BeanLib;
02 public class ValueBean {
03   private int price, number, totalValue;
```

```
04   public void setPrice(int p) {
05      this.price= p;
06   }

07   public void setNumber(int n) {
08      this.number= n;
09   }

10   public int getPrice() {
11      return this.price;
12   }

13   public int getNumber() {
14      return this.number;
15   }

16   public int gettotalValue() {
17      totalValue= price*number;
18      return totalValue;
19   }
20 }
```

列 01　　設定儲置 Java Bean 之包裹。(為了增進系統檔案之管理,可將有關之 Java Bean 儲存於特定包裹內)

列 02~20 本例 Java Bean 類別程序。

列 03　　宣告本例各變數。

列 04~06 為方法程序,用以設定單價。

列 07~09 為方法程序,用以設定數量。

列 10~12 為方法程序,用以讀取單價。

列 13~15 為方法程序,用以讀取數量。

列 16~19 為方法程序,用以計算、讀取總價。

(2) 執行檔案 ValueBean.java:

(a) 開啟 Dos(命令提示字元)視窗,並調整至儲存 ValueBean.java 之目錄:
(本例為 C:\BookCldApp2\Program\ch12)

(b) 以指令 **javac -d . ValueBean.java** 編譯之。

(c) 檢視已建立新目錄 C:\BookCldApp2\Program\ch12\BeanLib，並於目錄
內已建立新檔案 ValueBean.class。

(d) 將新生之包裹 BeanLib 複製至 Tomcat 系統目錄：C:\Program Files\Java\
Tomcat 7.0\webapps\examples\WEB-INF\classes(注意：包裹 BeanLib
內應有檔案 ValueBean.class)

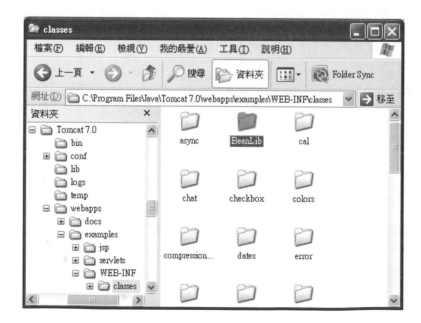

12-3 Java Bean 與 JSP

Java Bean 是 JSP 系統標籤嵌入程式之一種，在程式設計中，將最常用的個別功能程序，如範例 131，以 Java 設計成 xxx.java，使用 Dos(命令提示字元) 視窗編譯，將新產生的 Class 檔案連同其所屬包裹，複製儲存至 Tomcat 指定目錄內，等待爾後 JSP 程式來抓取使用。

Java Bean 猶如已編譯完成的副程式(Sub Routine) 或函數(Function)，提供主程式(Main) 呼叫使用，方便程式設計、增進程式可讀性，因是已完成編譯，可節省程式之執行代價。

使用時，以標籤*<jsp:useBean id= "name" scope= "lifeStyle" class= "beanName" />* 啟動使用 Java Bean，其中 name 為邏輯名稱；lifeStyle 為有效生存週期之型態，有 application(網站生命期)、session(網頁接續期)、page(同一網頁生命期)、request(同一 request 需求期)；beanName 為 Java Bean 之名稱。

在一般程式設計語言，當主程式呼叫副程式時，往往伴隨參數(Parameter)互通訊息。Java Bean 與 JSP 亦不例外，以變數(Variable) 傳遞訊息，本章將介紹常用之變數設定方式：指定變數(Assign Variable)、方法程序變數(Method Variable)、表單變數(Text Variable)。

12-4 Java Bean 指定變數(Assign Variable)

當 Java Bean 建立完成後(如前節範例 131 之 ValueBean.java)，我們可設計 JSP 程式抓取使用，同時設定其中變數之值，藉 ValueBean.java 之功能，計算總值。

以標籤*<jsp:setProperty name= "name" property= "variable" value= "content" />* 設定 Java Bean 之變數內容，其中 name 為邏輯名稱；variable 為 Java Bean 內之變數名稱；content 為變數之設定值。

以標籤*<jsp:getProperty name= "name" property= "variable" />*讀取 Java Bean 之變數內容，其中 name 為邏輯名稱；variable 為 Java Bean 內之變數名稱。

範例 132：設計檔案 01setVariable.jsp、02getVariable.jsp，使用範例 131 之 **ValueBean** 展示 **Java Bean** 與指定變數之存取執行。

---

(1) 設計檔案 01setVariable.jsp：(以標籤嵌入範例 131 之 ValueBean，設定變數，驅動執行 02getVariable.jsp，編輯於 C:\BookCldApp2\Program\ch12)

```
01 <%@ page contentType="text/html;charset=big5" %>
02 <html>
03 <head><title>setVariable</title></head><body>
04 <p align="left">
05 <font size="5"><b>設定變數</b></font>
06 </p>
07 <jsp:useBean id= "forBean" scope= "session" class=
                   "BeanLib.ValueBean" />
08 <jsp:setProperty name= "forBean" property= "price" value= "500" />
09 <jsp:setProperty name= "forBean" property= "number" value= "10" />

10 <FORM METHOD="post" ACTION="02getVariable.jsp">
11 <INPUT TYPE="submit" VALUE="go to Sub Page">
12 </body>
13 </html>
```

列 07 　　設定 useBean 標籤，嵌入使用 ValueBean，以 session 為 scope，用以網頁接續為生存期。

列 08 　　設定 setPropert 標籤，設定變數 price 為 500。

列 09 　　設定 setPropert 標籤，設定變數 number 為 10。

列 10~11 驅動程式 02getVariable.jsp，讀取 Java Bean 之各變數值，並計算總價。

(2) 設計檔案 02getVariable.jsp：(由 01setVariable.jsp 驅動執行，讀取 ValueBean 之各變數值)

```
01 <%@ page contentType="text/html;charset=big5" %>
```

```
02 <html>
03 <head><title>getVariable</title></head><body>
04 <p align="left">
05 <font size="5"><b>計算總價</b></font>
06 </p>
07 <jsp:useBean id= "forBean" scope= "session" class=
                     "BeanLib.ValueBean" />
08 本例單價price為：
09 <jsp:getProperty name= "forBean" property= "price" /><br>
10 本例數量number為：
11 <jsp:getProperty name= "forBean" property= "number" /><br>
12 本例總價totalValue為：
13 <jsp:getProperty name= "forBean" property= "totalValue" /><br>
14 </body>
15 </html>
```

列 07   設定 useBean 標籤，嵌入使用 ValueBean，以 session 為 scope，用
         以網頁接續為生存期。

列 09   設定 getPropert 標籤，讀取變數 price。

列 11   設定 getPropert 標籤，讀取變數 number。

列 13   設定 getPropert 標籤，計算並讀取變數 totalValue。

(3) 為了避免前章同名稱程式檔案之干擾，依附件 B **重新安裝 Tomcat 系統**。

(4) 執行檔案 **01setVariable.jsp**、**02getVariable.jsp**：(參考本系列書上冊範
    例 02、或本書附件 B 範例 firstJSP)

   (a) 複製 01setVariable.jsp、02getVariable.jsp 至目錄：C:\Program Files\
       Java\Tomcat 7.0\webapps\examples。

   (b) 檢視 BeanLib.ValueBean.class 已複製於目錄：C:\Program Files\Java\
       Tomcat 7.0\webapps\examples\WEB-INF\classes

   (c) 重新啟動 Tomcat。

   (d) 使用者開啟瀏覽器，使用網址：http://163.15.40.242:8080/examples/
       01setVariable.jsp，其中 163.15.40.242 為網站主機之 IP，8080 為 port。
       (注意：讀者實作時應將 IP 改成自己雲端網站之 IP)

(e) 按 **go_to_SubPage**。(驅動 02getVariable.jsp 印出 Java Bean 各變數之
值)

12-5 Java Bean 方法程序變數(Method Variable)

前節是依 Java Bean 程式之變數,以 Property 方式存取,本節介紹以程
式之方法程序(Method) 方式存取,兩者結果相同,而後者更為普遍使用,且
可視為參數(Parameter)。

> **範例 133**：設計檔案 03setMethodVariable.jsp、04getMethodVariable.jsp，
> 使用範例 131 之 ValueBean，展示 **Java Bean 與方法程序變數(或參數)** 之存取執行。

(1) 設計檔案 **03setMethodVariable.jsp**：(以標籤嵌入範例 131 之 ValueBean，設定變數，驅動執行 04getMethodVariable.jsp，編輯於 C:\BookCldApp2\Program\ch12)

```
01 <%@ page contentType="text/html;charset=big5" %>
02 <html>
03 <head><title>setMethodVariable</title></head><body>
04 <p align="left">
05 <font size="5"><b>方法程序設定變數</b></font>
06 </p>
07 <jsp:useBean id= "forBean" scope= "session" class=
                    "BeanLib.ValueBean" />
08 <%
09  forBean.setPrice(500);
10  forBean.setNumber(10);
11 %>
12 <FORM METHOD="post" ACTION="04getMethodVariable.jsp">
13 <INPUT TYPE="submit" VALUE="go to Sub Page">
14 </body>
15 </html>
```

列 07　　　設定 useBean 標籤，嵌入使用 ValueBean，以 session 為 scope，用以網頁接續為生存期。

列 09　　　以方法程序，設定範例 131 ValueBean 方法程序 setPrice 之變數(或參數)。

列 10　　　以方法程序，設定範例 131 ValueBean 方法程序 setNumber 之變數(或參數)。

列 12~13 驅動程式 04getMethodVariable.jsp，讀取 Java Bean 之各變數值，並計算總價。

(2) 設計檔案 **04getMethodVariable.jsp**：(由 03setMethodVariable.jsp 驅動執行，讀取 ValueBean 之各變數值)

```
01 <%@ page contentType="text/html;charset=big5" %>
02 <html>
```

```
03 <head><title>getMethodVariable</title></head><body>
04 <p align="left">
05 <font size="5"><b>計算總價</b></font>
06 </p>
07 <jsp:useBean id= "forBean" scope= "session" class=
                    "BeanLib.ValueBean" />
08 本例單價price為：
09 <%= forBean.getPrice() %><br>
10 本例數量number為：
11 <%= forBean.getNumber() %><br>
12 本例總價totalValue為：
13 <%= forBean.gettotalValue() %><br>
14 </body>
15 </html>
```

列 07　　設定 useBean 標籤，嵌入使用 ValueBean，以 session 為 scope，用以網頁接續為生存期。

列 09　　設定 getPropert 標籤，讀取變數 price。

列 11　　設定 getPropert 標籤，讀取變數 number。

列 13　　設定 getPropert 標籤，計算並讀取變數 totalValue。

(3) 執行檔案 03setMethodVariable.jsp、04getMethodVariable.jsp：(參考本系列書上冊範例 02、或本書附件 B 範例 firstJSP)

(a) 複製 03setMethodVariable.jsp、04getMethodVariable.jsp 至目錄：C:\Program Files\Java\Tomcat 7.0\webapps\examples。

(b) 檢視 BeanLib.ValueBean.class 已複製於目錄：C:\Program Files\Java\Tomcat 7.0\webapps\examples\WEB-INF\classes

(c) 重新啟動 Tomcat。

(d) 使用者開啟瀏覽器，使用網址：http://163.15.40.242:8080/examples/03setMethodVariable.jsp，其中 163.15.40.242 為網站主機之 IP，8080 為 port。(注意：讀者實作時應將 IP 改成自己雲端網站之 IP)

(e) 按 **go_to_SubPage**。(驅動 04getMethodVariable.jsp 印出 Java Bean 各
變數之值)

12-6 Java Bean 表單變數(Text Variable)

　　於前兩節範例,所有的變數值,都是在程式中固定設定,如要改為其他
變數值,就需重新編寫程式、重新編譯程式、重新啟動程式,甚為不便。

　　為了更為機動地使用 Java Bean,我們可設計表單輸入不同之變數值(或
參數),使作更方便之使用。

範例 **134**：設計檔案 05setTextVariable.html、06getTextVariable.jsp，使用範例 131 之 ValueBean，展示 **Java Bean 與表單變數**(或參數)之**存取執行**。

(1) 設計檔案 **05setTextVariable.html**：(以標籤嵌入範例 131 之 ValueBean，設定表單，驅動執行 06getTextVariable.jsp，編輯於 C:\BookCldApp2\Program\ch12)

```
01 <HTML>
02 <HEAD>
03 <TITLE>setTextVariable</TITLE>
04 </HEAD>
05 <BODY>
06 <FORM METHOD="post" ACTION="06getTextVariable.jsp">
07 <p align="left">
08 <font size="5"><b>網頁表單設定變數</b></font>
09 </p>
10 <p> </p>
11 <p align="left">
12 單價 <INPUT TYPE = "text" NAME = "price" SIZE = "20"><br>
13 數量 <INPUT TYPE = "text" NAME = "number" SIZE = "20"></p>
14 <INPUT TYPE="submit" VALUE="遞送">
15 <INPUT TYPE="reset" VALUE="取消">
16 </FORM>
17 </BODY>
18 </HTML>
```

列 12~13 設定表單，等待輸入變數值。

列 14　　配合列 06，驅動執行 06getTextVariable.jsp。

(2) 設計檔案 **06getTextVariable.jsp**：(由 05setTextVariable.html 驅動執行，讀取 ValueBean 之各變數值)

```
01 <%@ page contentType="text/html;charset=big5" %>
02 <html>
03 <head><title>getTextVariable</title></head><body>
04 <p align="left">
05 <font size="5"><b>計算總價</b></font>
06 </p>
07 <%
08  request.setCharacterEncoding("big5");
```

```
09  int Price= Integer.parseInt(request.getParameter("price"));
10  int Number= Integer.parseInt(request.getParameter("number"));
11 %>
12 <jsp:useBean id= "forBean" scope= "session" class=
"BeanLib.ValueBean" />
13 <%
14  forBean.setPrice(Price);
15  forBean.setNumber(Number);

16  out.print("本例單價price為： " + forBean.getPrice() + "<br>");
17  out.print("本例數量number為： " + forBean.getNumber() + "<br>");
18  out.print("本例總價totalValue為： " + forBean.gettotalValue());
19 %>
20 </body>
21 </html>
```

列 08~10 讀取主網頁輸入之變數值。

列 12　　設定 useBean 標籤，嵌入使用 ValueBean，以 session 為 scope，用以網頁接續為生存期。

列 14　　以方法程序，設定範例 131 ValueBean 方法程序 setPrice 之變數。

列 15　　以方法程序，設定範例 131 ValueBean 方法程序 setNumber 之變數。

列 16　　設定 getPropert 標籤，讀取變數 price。

列 17　　設定 getPropert 標籤，讀取變數 number。

列 18　　設定 getPropert 標籤，計算並讀取變數 totalValue。

(3) 執行檔案 05setTextVariable.html、06getTextVariable.jsp：(參考本系列書上冊範例 02、或本書附件 B 範例 firstJSP)

  (a) 複製 05setTextVariable.html、06getTextVariable.jsp 至目錄：C:\Program Files\Java\Tomcat 7.0\webapps\examples。

  (b) 檢視 BeanLib.ValueBean.class 已複製於目錄：C:\Program Files\Java\Tomcat 7.0\webapps\examples\WEB-INF\classes

  (c) 重新啟動 Tomcat。

(d) 使用者開啟瀏覽器，使用網址：http://163.15.40.242:8080/examples/
05setTextVariable.html，其中 163.15.40.242 為網站主機之 IP，8080
為 port。(注意：讀者實作時應將 IP 改成自己雲端網站之 IP)

(e) 於表單輸入資料 \ 按 遞送。

(f) 印出各變數之值。

12-7 習題(Exercises)

1、何謂 Java Bean？

2、啟動使用 Java Bean 之標籤指令為何？

3、JSP 與 Java Bean 互通訊息時，常用變數設定方法有哪些？

4、於指定變數(Assign Variable) 中，其設定標籤為何？讀取標籤為何？

5、表單變數(Text Variable) 有何優點？

note

第 **13** 章

網路銀行雲端網站
Bank System Cloud

13-1 簡介

　　一個銀行雲端系統，應是非常龐大複雜，其工作內容包括：(1)分行作業、(2)行員資料、(3)客戶資料、(4)開戶作業、(5)存款作業、(6)提款作業、(7)轉帳作業、(8)利率作業、(9)匯率作業、(10)信用卡作業 等林林總總。

　　限於篇幅與強調代表性功能，本章僅就：(1)行員資料、(2)客戶資料、(3)開戶作業、(4)存款作業、(5)提款作業、(6)轉帳作業，藉教學範例介紹。考量內容有：

(1) 設計雲端網頁分隔：(a)上端用於網頁標題、(b)中左端用於操作選項、(c)中右端用於執行操作、(d)下端用於返回首頁。

(2) 建立雲端範例資料庫 **CloudBank.accdb**：(a)建立資料表 Manager，提供銀行直接填入合法信任管理員資料；(b)建立資料表 Customers，提供儲存客戶基本資料；(c)建立資料表 Account，提供儲存客戶之帳戶資料；(b)建立查詢表 QueryBalance，提供客戶查詢帳戶餘額。

(3) 管理操作：合法管理員協助客戶填寫基本資料、建立開戶存摺。

(4) 客戶操作：輸入客戶存摺帳號與密碼，執行存款、提款、轉帳、查詢等操作。

(5) 結束操作：關閉當時操作顯示資料，以免非法使用，維護作業安全。

13-2 建立範例資料庫(Data Base)

　　依本系列書上冊第七章，於本書光碟目錄 C:\BookCldApp2\Program\ch13\Database 建立雲端資料庫 CloudBank.accdb，於操作前，先建立 3 個基本資料表、一個查詢表，且以 "CloudBank" 為資料來源名稱作 ODBC 設定。

資料表 Manager 提供銀行直接填入合法信任管理員資料，包括姓名、密碼。(使用雲端網頁前，先填入各欄資料，本例為賈管理、123456)

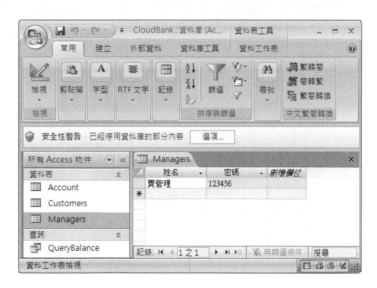

　　資料表 Customers 提供儲存客戶基本資料，包括存摺帳號、姓名、密碼、地址、開戶時間。

　　資料表 Account 提供儲存客戶之帳戶資料，包括存摺帳號、餘額、異動時間；另設欄位轉出帳號、轉入帳號、轉帳金額，用於轉帳作業輔助計算。

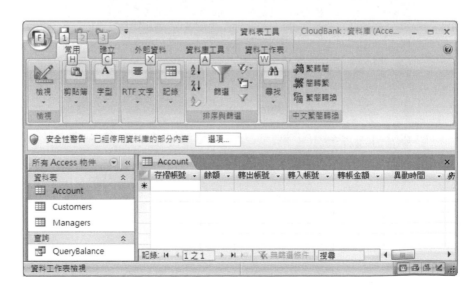

查詢表 QueryBalance 提供客戶查詢帳戶餘額，包括存摺帳號、姓名、餘額、異動時間。

依本系列書上冊 7-5 節，由資料表 Account 與 Customers 組合建立查詢表 QueryBalance。使用 SQL 指令：

SELECT Account.存摺帳號, Customers.姓名, Account.餘額, Account.異動時間

FROM Account INNER JOIN Customers

ON Account.存摺帳號 = Customers.存摺帳號;

當資料表 Account 與 Customers 輸入資料時，查詢表 QueryBalance 立即自動輸入對應資料。

13-3 網頁分隔架構(Page Structure)

參考本系列書上冊第四章,將本章範例網頁分隔成上、中左、中右、下 4
個區塊。於上端區塊,印出網頁標題;於中左端區塊控制執行項目,執行於
中右端區塊;於下端區塊設定返回首頁機制。

範例 135:設計檔案 01BankPage.jsp、02BankTop.jsp、03BankMid_1.jsp、
04BankMid_2.jsp、05BankBtm.jsp,**建立網頁分隔**。

---

(1) 設計檔案 01BankPage.jsp(建立上、中左、中右、下網頁 4 區塊分隔位置
與比例,編輯於 C:\BookCldApp2\Program\ch13)

```
01 <HTML>
02 <HEAD>
03 <TITLE>Front Page of BankPage</TITLE>
04 </HEAD>
05 <FRAMESET ROWS= "20%, 70%, 10%" >
06  <FRAME NAME= "BankTop" SRC= "02BankTop.jsp">
07  <FRAMESET COLS= "20%,*">
08    <FRAME NAME= "BankMid_1" SRC= "03BankMid_1.jsp">
09    <FRAME NAME= "BankMid_2" SRC= "04BankMid_2.jsp">
10  </FRAMESET>
11  <FRAME NAME= "BankBtm" SRC= "05BankBtm.jsp">
12 </FRAMESET>
13 </HTML>
```

列 05　　設定區塊空間分配比例。

列 06~12 設定各區塊超連接之執行檔案。

(2) 設計檔案 02BankTop.jsp (執行於網頁上端區塊,用於網頁標題)

```
01 <%@ page contentType="text/html;charset=big5" %>
02 <html>
03 <head><title>BankTop</title></head>
04 <body>
05 <h1 align= "center">網路銀行系統</h1>
06 </body>
07 </html>
```

列 05　　印出訊息。

(3) 設計檔案 03BankMid_1.jsp (於中左端區塊控制執行項目，執行結果顯示於中右端區塊)

```
01 <%@ page contentType="text/html;charset=big5" %>
02 <html>
03 <head><title>BankMid_1</title></head>
04 <body>
05  <A HREF= "06Manager.html" TARGET= "BankMid_2">管理操作</A><p>
06  <A HREF= "12Customer.html" TARGET= "BankMid_2">客戶操作</A><p>
07  <A HREF= "21Finish.jsp" TARGET= "BankMid_2">結束操作</A><p>
08 </body>
09 </html>
```

列 05~07 於中左端控制執行項目，執行結果顯示於中右端區塊。

(4) 設計檔案 04BankMid_2.jsp (於中右區塊印出訊息)

```
01 <%@ page contentType="text/html;charset=big5" %>
02 <html>
03 <head><title>BankMid_2</title></head>
04 <body>
05 <h2 align= "left">本銀行雲端網站操作須知：</h2>
06 <align= "left"><p></p>
07  1、由合法管理員協助客戶建立開戶資料。<br>
08  2、輸入客戶存摺帳號與密碼，執行存、提、轉、查詢等操作。<br>
09  3、按結束操作，關閉當時操作顯示資料，維護作業安全。
10 </body>
11 </html>
```

列 05~09 印出訊息。

(5) 設計檔案 05BankBtm.jsp (於下端區塊設定返回首頁機制)

```
01 <%@ page contentType="text/html;charset=big5" %>
02 <html>
03 <head><title>BankBtm</title></head>
04 <body>
05 <a href= "01BankPage.jsp" target= "_top">回首頁</a>
06 </body>
07 </html>
```

列 05   於下端區塊設定返回首頁機制。

(6) 為了避免前章同名稱程式檔案之干擾，依附件 B **重新安裝 Tomcat 系統**。

(7) 執行項(1)~(5)檔案：(參考本系列書上冊範例 02、或本書附件 B 範例 firstJSP)

(a) 將本例項(1)~(5)檔案複製至目錄：C:\Program Files\Java\Tomcat 7.0\ webapps\examples

(b) 重新啟動 Tomcat。

(c) 使用者開啟瀏覽器，使用網址：http://163.15.40.242:8080/examples/ 01BankPage.jsp，其中 163.15.40.242 為網站主機之 IP，8080 為 port。 (注意：讀者實作時應將IP改成自己雲端網站之IP)

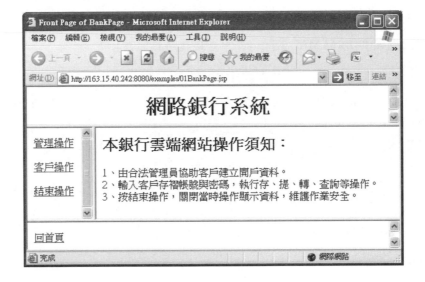

13-4 管理操作(Manager Operation)

為了維護雲端網站系統安全，銀行選擇值得信任之合法行員，擔任管理員，綜合執行網站作業。銀行先將合法管理員資料，輸入雲端資料庫資料表，管理操作內容為：

(1) **管理員認証**：合法管理員開啟雲端網站網頁，輸入名稱與密碼，交由系統比對資料庫原儲存的名稱與密碼，確認比對成功後，才可參與職責執行。

(2) 協助客戶填寫基本資料：使用經過認証之合法網頁，管理員協助客戶於開戶時填寫基本資料。

(3) 協助客戶建立開戶存摺：使用經過認証之合法網頁，管理員協助客戶於開戶時建立開戶存摺。

13-4-1 管理員認証

雲端網站安全至為重要，於 13-2 節，銀行先將值得信任之合法管理員名稱與密碼，輸入雲端資料庫資料表 Manager(本章範例資料為賈蓉生、123456)。

操作時，合法管理員開啟雲端網站網頁，輸入名稱與密碼，交由系統比對資料庫原儲存的名稱與密碼，比對成功後，才可參與職責執行。

範例 136：設計檔案 06Manager.html、07Manager.jsp，執行合法管理員認証。

---

(1) 設計檔案 06Manager.html (建立表單，等待輸入管理員之名稱、密碼，驅動執行 07Manager.jsp，編輯於 C:\BookCldApp2\Program\ch13)

```
01 <HTML>
02 <HEAD>
03 <TITLE>Manager Operation</TITLE>
04 </HEAD>
05 <BODY>
06 <FORM METHOD="post" ACTION="07Manager.jsp">
07 <p align="left">
08 <font size="5"><b>銀行管理員認證</b></font>
09 </p>
10 <p>  </p>
11 <p align="left">
12 管理員名稱 <INPUT TYPE="text" NAME="M_name" SIZE="10"><br>
13 管理員密碼 <INPUT TYPE="password" NAME="M_pwd" SIZE="20">
14 </p>
15 <p>
16 <INPUT TYPE="submit" VALUE="遞送">
17 <INPUT TYPE="reset" VALUE="取消">
18 </FORM>
```

```
19 </BODY>
20 </HTML>
```

列 12~13 建立表單，等待輸入管理員之名稱、密碼。

列 16　　配合列 06，驅動執行 07Manager.jsp。

(2) 設計檔案 07Manager.jsp(由 06Manager.html 驅動執行，設定 SQL 指令，比對管理員名稱與密碼)

```
01 <%@ page contentType= "text/html;charset=big5" %>
02 <%@ page import= "java.sql.*" %>
03 <html>
04 <head><title>Manager</title></head><body>
05 <p align="left">
06 <font size="5"><b>管理員選項操作</b></font></p><p>
07 <%

//連接資料庫
08   String JDriver = "sun.jdbc.odbc.JdbcOdbcDriver";
09   String connectDB="jdbc:odbc:CloudBank";

10   Class.forName(JDriver);
11   Connection con = DriverManager.getConnection(connectDB);
12   Statement stmt = con.createStatement();

//讀取前網頁表單輸入之管理員名稱與密碼
13   request.setCharacterEncoding("big5");
14   String Mname = request.getParameter("M_name");
15   String Mpwd = request.getParameter("M_pwd");

//建立網頁結續碼
16   session = request.getSession();
17   session.setAttribute("Bank", "true");

//設定 SQL 指令，比對管理員名稱與密碼
18   String sql="SELECT *  FROM Managers WHERE 姓名='" +
              Mname + "'AND 密碼='" + Mpwd + "';";
19   ResultSet rs= stmt.executeQuery(sql);

20   boolean flag= false;
21   while(rs.next()) flag= true;

22   if(flag) {
```

```
23    stmt.close();
24    con.close();
25    out.print("本頁為經過認證之合法網頁!!");
26    out.print("</p><p>    </p><p>");
27    out.print("<A HREF=");
28    out.print("'08InsertCustomer.html'");
29    out.print(" TARGET=");
30    out.print("'other'");
31    out.print(">客戶基本資料輸入</A></p><p>");

32    out.print("<A HREF=");
33    out.print("'10InsertAccount.html'");
34    out.print(" TARGET=");
35    out.print("'other'");
36    out.print(">開戶存摺輸入</A></p>");
37  }
38  else {
39    stmt.close();
40    con.close();
41    out.print("<p><A HREF=");
42    out.print("'01BankPage.jsp'");
43    out.print(" TARGET=");
44    out.print("'_top'");
45    out.print(">因帳號密碼有誤!!請按此回首頁</A></p>");
46   }
47 %>
48 </body>
49 </html>
```

列 08~12 連接資料庫，建立資料庫操作物件。

列 13~15 讀取前網頁表單輸入之管理員名稱與密碼。

列 16~17 建立網頁接續碼，認証爾後被驅動網頁。

列 18~46 設定 SQL 指令，比對管理員名稱與密碼，並據以作功能操作。

列 18~19 設定 SQL 指令，並執行。

列 20~21 與資料庫原有資料比對管理員名稱與密碼。

列 25~31 如果比對成功，驅動執行 08InsertCustomer.html，協助客戶填寫基本資料。

列 32~36 如果比對成功，驅動執行 10InsertAccount.html'，協助客戶建立開
　　　　戶存摺。

列 38~46 如果比對失敗，返回首頁。

(3) 執行項檔案 06Manager.html、07Manager.jsp：(參考本系列書上冊範例
　　02、或本書附件 B 範例 firstJSP)

　(a) 將 06Manager.html、07Manager.jsp 複製至目錄：C:\Program Files\Java\
　　　Tomcat 7.0\webapps\examples，同時檢視本例光碟目錄 C:\
　　　BookCldApp2\Program\ch13 內檔案 01~05 也已複製於此 Tomcat 目錄。

　(b) 重新啟動 Tomcat。

　(c) 使用者開啟瀏覽器，使用網址：http://163.15.40.242:8080/examples/
　　　01BankPage.jsp，其中 163.15.40.242 為網站主機之 IP，8080 為 port。
　　　(注意：讀者實作時應將 IP 改成自己雲端網站之 IP)

　(d) 按 管理操作。

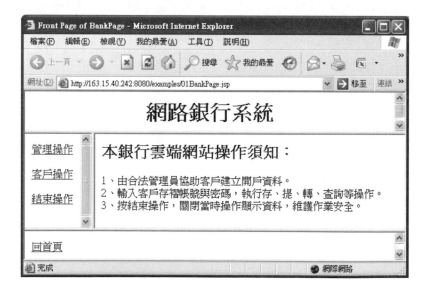

(e) 輸入管理員名稱、密碼 (本例為賈管理、123456) \ 按 遞送。

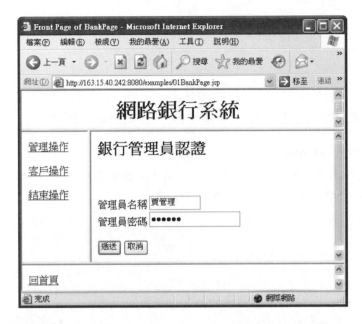

(f) 等待輸入客戶基本資料、與建立客戶開戶存摺。(將於下一節解說)

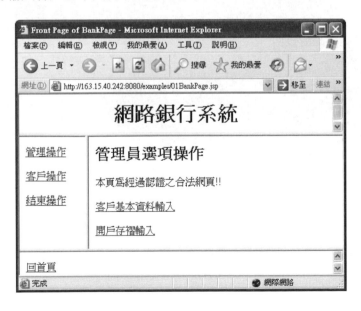

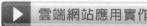

13-4-2 填寫客戶基本資料

延續前節範例 136 之流程,當新客戶進入銀行開戶,合法管理員檢視客戶証件,審核後協助填寫基本資料、建立開戶存摺(於下一節解說)。

> **範例 137**:設計檔案 08InsertCustomer.html、09InsertCustomer.jsp,
> **由合法管理員協助客戶填寫基本資料。**(接續範例 136 執行)

(1) 設計檔案 **08InsertCustomer.html** (由前節範例 07Manager.jsp 驅動執行,建立表單,等待輸入客戶基本資料,驅動執行 09InsertCustomer.jsp,編輯於 C:\BookCldApp2\Program\ch13)

```
01 <HTML>
02 <HEAD>
03 <TITLE>InsertCustomer</TITLE>
04 </HEAD>
05 <BODY>
06 <FORM METHOD="post" ACTION="09InsertCustomer.jsp">
07 <p align="left">
08 <font size="5"><b>建立客戶基本資料</b></font>
09 </p>
10 <p>  </p>
11 <p align="left">
12 存摺帳號:<INPUT TYPE="text" NAME="C_number" SIZE="10"><br>
13 客戶姓名:<INPUT TYPE="text" NAME="C_name" SIZE="10"><br>
14 客戶密碼:<INPUT TYPE="password" NAME="C_pwd" SIZE="10"><br>
15 客戶地址:<INPUT TYPE="text" NAME="C_address" SIZE="40"><br>
16 </p><p>
17 <INPUT TYPE="submit" VALUE="遞送">
18 <INPUT TYPE="reset" VALUE="取消">
19 </p>
20 </FORM>
21 </BODY>
22 </HTML>
```

列 12~15 建立表單,等待輸入客戶基本資料。

列 17　　配合列 06,驅動執行 09InsertCustomer.jsp。

(2) 設計檔案 09InsertCustomer.jsp (由 08InsertCustomer.html 驅動執行，將資料寫入資料庫)

```
01 <%@ page contentType="text/html;charset=big5" %>
02 <%@ page import= "java.sql.*, java.util.Date" %>
03 <html>
04 <head><title>InsertCustomer</title></head><body>
05 <%

//連接資料庫
06   String JDriver = "sun.jdbc.odbc.JdbcOdbcDriver";
07   String connectDB="jdbc:odbc:CloudBank";

08   Class.forName(JDriver);
09   Connection con = DriverManager.getConnection(connectDB);
10   Statement stmt = con.createStatement();

//宣告變數，並設定初值
11   request.setCharacterEncoding("big5");
12   Date timeDate= new Date();
13   String timeStr= timeDate.toLocaleString();
14   String Cnumber = request.getParameter("C_number");
15   String Cname = request.getParameter("C_name");
16   String Cpwd = request.getParameter("C_pwd");
17   String Caddress = request.getParameter("C_address");

//設定 SQL 指令，將客戶基本資料寫入資料庫
18   String sql ="INSERT INTO Customers" +
                 "(存摺帳號, 姓名, 密碼, 地址, 開戶時間)" +
                 " VALUES (" + Cnumber + ",'" + Cname + "','" +
                   Cpwd + "','" + Caddress +"','" + timeStr + "')" ;

19   session = request.getSession();
20   if(session.getAttribute("Bank") == "true") {
21     out.print("本頁為經過認證之合法資料庫輸入網頁!!" + "<br>");
22     stmt.executeUpdate(sql);
23     stmt.close();
24     con.close();
25     out.print("<left><p>   </p><p>");
26     out.print("成功完成客戶資料輸入</P>");
27   }
28   else{
29     stmt.close();
```

```
30      con.close();
31      out.print("<p><A HREF=");
32      out.print("'01BankPage.jsp'");
33      out.print(" TARGET=");
34      out.print("'_top'");
35      out.print(">因本頁為非合法網頁!!請按此回首頁</A></p>");
36  }
37 %>
38 </body>
39 </html>
```

列 06~10 連接資料庫，建立資料庫操作物件。

列 11~17 宣告變數，並設定初值。

列 12~13 讀取雲端網站時間。

列 14~17 讀取前網頁表單輸入之客戶基本資料。

列 18~34 設定 SQL 指令，將客戶基本資料寫入資料庫。

列 21~27 經過檢驗前網頁接續碼，如果檢驗通過，則執行列 18 之 SQL 指令，
　　　　　將資料寫入資料庫。

列 28~36 如果未檢驗通過，則返回首頁。

(3) 執行項檔案 08InsertCustomer.html、09InsertCustomer.jsp：(參考本系列
書上冊範例 02、或本書附件 B 範例 firstJSP)

　(a) 將 08InsertCustomer.html、09InsertCustomer.jsp 複製至目錄：C:\
　　　Program Files\Java\Tomcat 7.0\webapps\examples，同時檢視本例光碟
　　　目錄 C:\BookCldApp2\Program\ch13 內檔案 01~07 也已複製於此
　　　Tomcat 目錄。

　(b) 重新啟動 Tomcat。

　(c) 使用者開啟瀏覽器，使用網址：http://163.15.40.242:8080/examples/
　　　01BankPage.jsp，其中 163.15.40.242 為網站主機之 IP，8080 為 port。
　　　(注意：讀者實作時應將 IP 改成自己雲端網站之 IP)

　(d) 接續執行前節範例 136 各步驟。

(e) 按 客戶基本資料輸入。

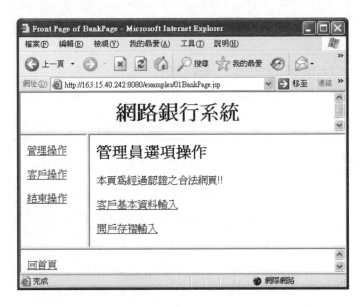

(f) 於表單輸入資料 (本例為 5001、許客戶、pwd5001、台北市科研路 1 號)
\ 按 遞送。

13-17

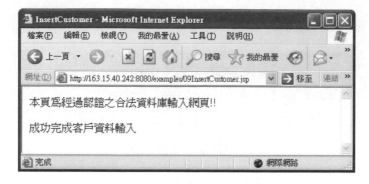

(g) 檢視資料庫。(已將客戶基本資料輸入資料表 Customers)

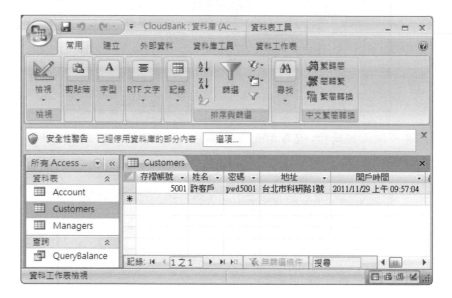

13-4-3 建立客戶開戶存摺

延續範例 136 之流程,當新客戶進入銀行開戶,合法管理員檢視客戶証件,填寫基本資料之後,協助建立開戶存摺。

範例 138：設計檔案 10InsertAccount.html、11InsertAccount.jsp，由合法管理員協助客戶建立開戶存摺。(接續範例 136 執行)

(1) 設計檔案 **10InsertAccount.html** (由前節範例 07Manager.jsp 驅動執行，
建立表單，等待輸入客戶開戶存摺資料，驅動執行 11InsertAccount.jsp，
編輯於 C:\BookCldApp2\Program\ch13)

```
01 <HTML>
02 <HEAD>
03 <TITLE>InsertAccount</TITLE>
04 </HEAD>
05 <BODY>
06 <FORM METHOD="post" ACTION="11InsertAccount.jsp">
07 <p align="left">
08 <font size="5"><b>輸入開戶存摺資料</b></font>
09 </p>
10 <p>   </p>
11 <p align="left">
12 存摺帳號：<INPUT TYPE="text" NAME="A_number" SIZE="10"><br>
13 開戶金額：<INPUT TYPE="text" NAME="A_balance" SIZE="20">
                (至少100 元)
14 </p><p>
15 <INPUT TYPE="submit" VALUE="遞送">
16 <INPUT TYPE="reset" VALUE="取消">
17 </p>
18 </FORM>
19 </BODY>
20 </HTML>
```

列 12~13 建立表單，等待輸入管理員之名稱、密碼。

列 15　　配合列 06，驅動執行 11InsertAccount.jsp。

(2) 設計檔案 **11InsertAccount.jsp** (由 10InsertAccount.html 驅動執行，將資
料寫入資料庫)

```
01 <%@ page contentType="text/html;charset=big5" %>
02 <%@ page import= "java.sql.*, java.util.Date" %>
03 <html>
04 <head><title>InsertAccount</title></head><body>
05 <%

//連接資料庫
```

```
06   String JDriver = "sun.jdbc.odbc.JdbcOdbcDriver";
07   String connectDB="jdbc:odbc:CloudBank";

08   Class.forName(JDriver);
09   Connection con = DriverManager.getConnection(connectDB);
10   Statement stmt = con.createStatement();
```

//宣告變數，並設定初值
```
11   request.setCharacterEncoding("big5");
12   Date timeDate= new Date();
13   String timeStr= timeDate.toLocaleString();
14   String Anumber = request.getParameter("A_number");
15   String Abalance = request.getParameter("A_balance");
```

//設定 SQL 指令，將客戶基本資料寫入資料庫
```
16   String sql="INSERT INTO Account(存摺帳號, 餘額, 異動時間)" +
                " VALUES (" + Anumber + "," + Abalance + ",'" +
                timeStr + "')" ;

17   session = request.getSession();
18   if(session.getAttribute("Bank") == "true") {
19      out.print("本頁爲經過認證之合法資料庫輸入網頁!!" + "<br>");
20      stmt.executeUpdate(sql);
21      stmt.close();
22      con.close();
23      out.print("<left><p>  </p><p>");
24      out.print("成功完成開戶存摺資料輸入</P>");
25   }
26   else{
27      stmt.close();
28      con.close();
29      out.print("<p><A HREF=");
30      out.print("'01BankPage.jsp'");
31      out.print(" TARGET=");
32      out.print("'_top'");
33      out.print(">因本頁爲非合法網頁!!請按此回首頁</A></p>");
34   }
35 %>
36 </body>
37 </html>
```

列 06~10 連接資料庫，建立資料庫操作物件。

列 11~15 宣告變數，並設定初值。

列 12~13 讀取雲端網站時間。

列 14~15 讀取前網頁表單輸入之客戶開戶資料。

列 16~32 設定 SQL 指令，將客戶開戶資料寫入資料庫。

列 18~25 經過檢驗前網頁接續碼，如果檢驗通過，則執行列 16 之 SQL 指令，將資料寫入資料庫。

列 26~34 如果未檢驗通過，則返回首頁。

(3) 執行項檔案 10InsertAccount.html、11InsertAccount.jsp：(參考本系列書上冊範例 02、或本書附件 B 範例 firstJSP)

(a) 將 10InsertAccount.html、11InsertAccount.jsp 複製至目錄：C:\Program Files\Java\Tomcat 7.0\webapps\examples，同時檢視本例光碟目錄 C:\BookCldApp2\Program\ch13 內檔案 01~09 也已複製於此 Tomcat 目錄。

(b) 重新啟動 Tomcat。

(c) 使用者開啟瀏覽器，使用網址：http://163.15.40.242:8080/examples/01BankPage.jsp，其中 163.15.40.242 為網站主機之 IP，8080 為 port。(注意：讀者實作時應將 IP 改成自己雲端網站之 IP)

(d) 接續執行範例 136 各步驟。

(e) 按 開戶存摺輸入。

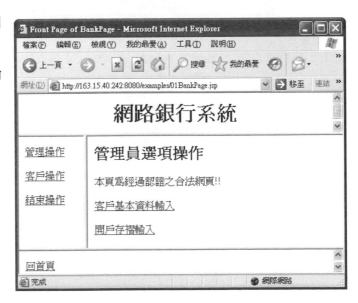

(f) 於表單輸入資料 (本例為 5001、2000) \ 按 遞送。

(g) 檢視資料庫。(已將客戶開戶資料輸入資料表 Account)

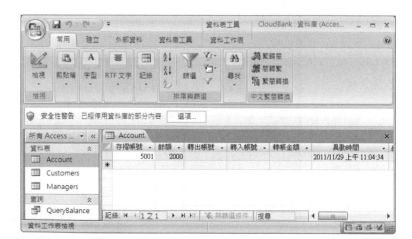

13-5 客戶操作(Customer Operation)

當客戶填妥基本資料、建立開戶存摺之後，即可使用該銀行雲端網站網頁，執行功能操作。限於篇幅與解說範圍，本章範例功能操作為：

(1) 客戶認証：開啟雲端網站網頁，客戶輸入存摺帳號與密碼，交由系統比對資料庫原儲存的存摺帳號與密碼，確認比對成功後，即可執行功能操作。

(2) 存款操作：依實數存款金額，清點後，將存款金額數字鍵入網頁表單，寫入資料庫。

(3) 提款操作：將提款金額數字鍵入網頁表單，寫入資料庫，同時實數提款金額，清點後，交給客戶。

(4) 轉帳操作：於網頁表單，鍵入轉出之存款帳號、轉入之存款帳號、轉帳金額，系統同時對資料庫同步更新資料。

(5) 查詢餘額：於網頁表單，鍵入存摺帳號，查詢該存摺餘額。

13-5-1 客戶認証

開啟雲端網站網頁，客戶輸入存摺帳號與密碼，交由系統比對資料庫原開戶儲存的存摺帳號與密碼，確認比對成功後，才可執行功能操作存款、提款、轉帳、查詢。

範例 139：設計檔案 12Customer.html、13Customer.jsp，執行客戶認証。

---

(1) 設計檔案 12Customer.html(建立表單，等待輸入客戶之存摺帳號、密碼，驅動執行 13Customer.jsp，編輯於 C:\BookCldApp2\Program\ch13)

```
01 <HTML>
02 <HEAD>
03 <TITLE>Customer Operation</TITLE>
04 </HEAD>
05 <BODY>
```

```
06 <FORM METHOD="post" ACTION="13Customer.jsp">
07 <p align="left">
08 <font size="5"><b>客戶認證</b></font>
09 </p>
10 <p> </p>
11 <p align="left">
12 存摺帳號  <INPUT TYPE="text" NAME="A_number" SIZE="10"><br>
13 客戶密碼  <INPUT TYPE="password" NAME="C_pwd" SIZE="10">
14 </p>
15 <p>
16 <INPUT TYPE="submit" VALUE="遞送">
17 <INPUT TYPE="reset" VALUE="取消">
18 </FORM>
19 </BODY>
20 </HTML>
```

列 12~13 建立表單，等待輸入客戶之存摺帳號、密碼。

列 16　　配合列 06，驅動執行 13Customer.jsp。

(2) 設計檔案 13Customer.jsp (由 12Customer.html 驅動執行，設定 SQL 指令，比對存摺帳號與密碼)

```
01 <%@ page contentType= "text/html;charset=big5" %>
02 <%@ page import= "java.sql.*" %>
03 <html>
04 <head><title>Customer</title></head><body>
05 <p align="left">
06 <font size="5"><b>管理員選項操作</b></font></p><p>
07 <%

//連接資料庫
08   String JDriver = "sun.jdbc.odbc.JdbcOdbcDriver";
09   String connectDB="jdbc:odbc:CloudBank";

10   Class.forName(JDriver);
11   Connection con = DriverManager.getConnection(connectDB);
12   Statement stmt = con.createStatement();

//讀取前網頁表單輸入之存摺帳號與密碼
13   request.setCharacterEncoding("big5");
14   String Anumber = request.getParameter("A_number");
15   String Cpwd = request.getParameter("C_pwd");
```

```
//建立網頁結績碼
16  session = request.getSession();
17  session.setAttribute("Bank", "true");
18  session.setAttribute("ACCOUNT", Anumber);

//設定 SQL 指令，比對存摺帳號稱與密碼
19  String sql="SELECT * FROM Customers WHERE 存摺帳號=" +
                Anumber + " AND 密碼='" + Cpwd +"';" ;
20  ResultSet rs= stmt.executeQuery(sql);

21  boolean flag= false;
22  while(rs.next()) flag= true;

23  if(flag) {
24     stmt.close();
25     con.close();
26     out.print("本頁為經過認證之合法網頁!!");
27     out.print("</p><p>    </p><p>");
28     out.print("<A HREF=");
29     out.print("'14Deposit.html'");
30     out.print(" TARGET=");
31     out.print("'other'");
32     out.print(">存款操作</A></p><p>");

33     out.print("<A HREF=");
34     out.print("'16Withdraw.html'");
35     out.print(" TARGET=");
36     out.print("'other'");
37     out.print(">提款操作</A></p>");

38     out.print("<A HREF=");
39     out.print("'18Transfer.html'");
40     out.print(" TARGET=");
41     out.print("'other'");
42     out.print(">轉帳操作</A></p>");

43     out.print("<A HREF=");
44     out.print("'20QueryBalance.jsp'");
45     out.print(" TARGET=");
46     out.print("'other'");
47     out.print(">查詢餘額</A></p>");
48  }
49  else {
```

```
50      stmt.close();
51      con.close();
52      out.print("<p><A HREF=");
53      out.print("'01BankPage.jsp'");
54      out.print(" TARGET=");
55      out.print("'_top'");
56      out.print(">因帳號密碼有誤!!請按此回首頁</A></p>");
57    }
58  %>
59  </body>
60  </html>
```

列 08~12 連接資料庫，建立資料庫操作物件。

列 13~15 讀取前網頁表單輸入之存摺帳號與密碼。

列 16~18 建立 session 網頁接續碼。

列 17　　建立網頁接續，認証爾後被驅動網頁。

列 18　　使用接續碼，傳遞存摺帳號至被驅動網頁。

列 19~57 設定 SQL 指令，比對存摺帳號與密碼，並據以作功能操作。

列 19~20 設定 SQL 指令並執行。

列 21~22 與資料庫原有資料比對存摺帳號與密碼。

列 26~32 如果比對成功，驅動執行 14Deposit.html，執行存款操作。

列 33~37 如果比對成功，驅動執行 16Withdraw.html，執行提款操作。

列 38~42 如果比對成功，驅動執行 18Transfer.html，執行轉帳操作。

列 43~47 如果比對成功，驅動執行 20QueryBalance.jsp，執行查詢餘額。

列 49~57 如果比對失敗，返回首頁。

(3) 執行項檔案 12Customer.html、13Customer.jsp：(參考本系列書上冊範例 02、或本書附件 B 範例 firstJSP)

(a) 將 12Customer.html、13Customer.jsp 複製至目錄：C:\Program Files\Java\Tomcat 7.0\webapps\examples，同時檢視本例光碟目錄 C:\BookCldApp2\Program\ch13 內檔案 01~11 也已複製於此 Tomcat 目錄。

(b) 重新啟動 Tomcat。

(c) 使用者開啟瀏覽器，使用網址：http://163.15.40.242:8080/examples/
01BankPage.jsp，其中 163.15.40.242 為網站主機之 IP，8080 為 port。
(注意：讀者實作時應將 IP 改成自己雲端網站之 IP)

(d) 按 客戶操作。

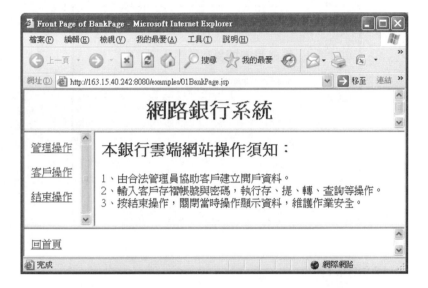

(e) 輸入存摺帳號、密碼 (本例為 5001、pwd5001) \ 按 遞送。

(f) 等待執行存款、提款、轉帳、查詢等操作。(將於下一節解說)

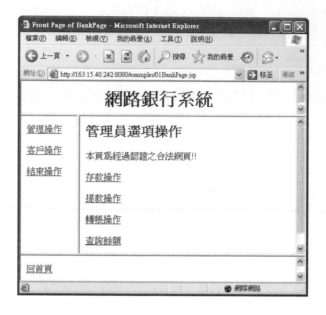

13-5-2 存款操作

客戶之存摺帳號與密碼，經過前節(13-5-1 節) 認証之後，即可執行存款操作，伴隨客戶交給之實數金額，將數值輸入網頁表單，由系統寫入資料庫，完成存款作業。

存款作業時，資料頻繁進出資料庫，為了增進程式可讀性、與降低編譯使用率，本節範例設計資料庫 Java Bean，建立 SQL 指令方法程序、與資料輸入方法程序。為了維護資料庫安全，於 Java Bean 中，使用資料庫安全指令：(參考筆者作 "JSP 與資料庫, 博碩)

setAutoCommit(false);	(Begin Transaction)
Sql Commands;	(執行 Sql 指令)
commit();	(更新資料庫)
setAutoCommit(true);	(End Transaction)

當設定 setAutoCommit(false) 時，系統將關閉自動執行模式，程式碼有

執行描述，但無實際執行動作；當逢 commit() 時，才將描述的所有程式碼一併快速執行。因此、setAutoCommit(false) 可視為 Begin Transaction；commit() 可視為更新資料庫。交易 Sql 指令(Sql Commands) 執行於兩者之間，當執行 setAutoCommit(true) 時，解除交易處理環境，系統恢復正常執行模式，可視為 End Transaction。

範例 140：設計檔案 DepositBean.java、14Deposit.html、15Deposit.jsp，執行存款作業。(接續範例 139 執行)

---

(1) 設計 Java Bean 檔案 DepositBean.java (建立資料庫進出方法程序，執行 SQL 指令，編輯於 C:\BookCldApp2\Program\ch13)

```
01 package DatabaseBeanLib;
02 import java.sql.*;

03 public class DepositBean {
04   private String SQLcmd;

// SQL 指令變數方法程序
05   public void setSQLcmd(String SQLcmd) {
06     this.SQLcmd= SQLcmd;
07   }

//資料庫進出方法程序
08   public String getResult() {
09     String JDriver = "sun.jdbc.odbc.JdbcOdbcDriver";
10     String connectDB="jdbc:odbc:CloudBank";
11     StringBuffer sb = new StringBuffer();

12     try{
13       Class.forName(JDriver);
14       Connection con = DriverManager.getConnection(connectDB);
15       Statement stmt = con.createStatement();

16       con.setAutoCommit(false);
17       stmt.execute(SQLcmd);
18       con.commit();
19       con.setAutoCommit(true);

20       sb.append("<B>Database works successfully</B> " );
```

```
21        stmt.close();
22        con.close();
23     }
24     catch (Exception e){sb.append(e.getMessage());}
25     return sb.toString();
26   }
27 }
```

列 01　　建立包裹 DatabaseBeanLib。

列 05~07 SQL 指令變數方法程序。

列 08~26 資料庫進出方法程序。

列 09~10 連接資料庫。

列 11　　建立記錄緩衝器。

列 13~15 建立資料庫操作物件。

列 16~19 以資料庫安全指令，更新資料庫。

列 26　　將緩衝器內容回傳呼叫程式。

(2) 設計檔案 **14Deposit.html**（由前節範例 13Customer.jsp 驅動執行，建立表單，等待輸入存款金額，驅動執行 15Deposit.jsp）

```
01 <HTML>
02 <HEAD>
03 <TITLE>存款操作</TITLE>
04 </HEAD>
05 <BODY>
06 <FORM ACTION="15Deposit.jsp"  METHOD="post" >
07 <p align="left">
08 <font size="5"><b>存款操作</b></font>
09 </p>
10 <p>  </p>
11 <p align="left">
12 <B>輸入存款金額</B></p>
13 <p align="left">
14 存款金額 <INPUT TYPE="text" SIZE="20" NAME="A_amount">
15 </p>
16 <p align="left">
17 <INPUT TYPE="submit" VALUE="遞送">
18 <INPUT TYPE="reset" VALUE="取消">
```

```
19 </p>
20 </FORM>
21 </BODY>
22 </HTML>
```

列 14　　建立表單，等待輸入存款金額。

列 17　　配合列 06，驅動執行 15Deposit.jsp。

(3) 設計檔案 15Deposit.jsp (由 14Deposit.html 驅動執行，使用 Java Bean DepositBean.java 之方法程序，將金額寫入資料庫)

```
01 <%@ page contentType="text/html;charset=big5" %>
02 <%@ page import= "java.sql.*, java.util.Date" %>
03 <html>
04 <head><title>Deposit Work</title></head><body>
05 <p align="left">
06 <font size="5"><b>存款作業</b></font>
07 </p>

//以標籤呼叫使用 Java Bean 檔案 DepositBean
08 <jsp:useBean id= "Deposit" scope= "session"
   class= "DatabaseBeanLib.DepositBean" />
09 <%

//宣告變數，讀取網站時間、與前網頁表單輸入之存款金額
10   request.setCharacterEncoding("big5");
11   Date timeDate= new Date();
12   String timeStr= timeDate.toLocaleString();
13   String Aamount=request.getParameter("A_amount");

//如果通過網頁認証，即將資料寫入資料庫
14   if(session.getAttribute("Bank") == "true") {
15     out.print("本頁爲經過認證之合法網頁!!" + "<br>");

16     String NUMBER= session.getAttribute("ACCOUNT").toString();
17     String sql = "UPDATE Account " +
                   " SET 餘額 = 餘額 + " + Aamount   +
                   " , 異動時間 = '" + timeStr +
                   "' WHERE 存摺帳號 = " + NUMBER + ";";

18     Deposit.setSQLcmd(sql);
19     out.print(Deposit.getResult());
20   }
```

```
21   else{
22     out.print("<p><A HREF=");
23     out.print("'01BankPage.jsp'");
24     out.print(" TARGET=");
25     out.print("'_top'");
26     out.print(">因本頁為非合法網頁!!請按此回首頁</A></p>");
27   }
28 %>
29 </body>
30 </html>
```

列 08　　　以標籤呼叫使用 Java Bean 檔案 DepositBean。

列 10~13　宣告變數，讀取網站時間、與前網頁表單輸入之存款金額。

列 14~20　如果通過網頁認証，即將資料寫入資料庫。

列 16　　　讀取前網頁以 session 接續碼設定之存摺帳號。

列 17　　　設定 SQL 指令。

列 18　　　呼叫使用 Java Bean 方法程序 setSQLcmd(sql)，執行 SQL 指令。

列 19　　　讀取 Java Bean 方法程序 getResult() 之回傳訊息。

列 21~27　如果未通過網頁認証，則返回首頁。

(4) 執行項檔案 DepositBean.java、14Deposit.html、15Deposit.jsp：(參考本系列書上冊範例 02、或本書附件 B 範例 firstJSP)

　　(a) 參考 12-2 節範例 131，編譯 DepositBean.java，將編譯產生之包裹 DatabaseBeanLib 隨同包裹內之檔案 DepositBean.class 複製至目錄：C:\Program Files\Java\Tomcat 7.0\webapps\examples\WEB-INF\classes

　　(b) 將 14Deposit.html、15Deposit.jsp 複製至目錄：C:\Program Files\Java\Tomcat 7.0\webapps\examples，同時檢視本例光碟目錄 C:\BookCldApp2\Program\ch13 內檔案 01~13 也已複製於此 Tomcat 目錄。

　　(c) 重新啟動 Tomcat。

　　(d) 使用者開啟瀏覽器，使用網址：http://163.15.40.242:8080/examples/01BankPage.jsp，其中 163.15.40.242 為網站主機之 IP，8080 為 port。(注意：讀者實作時應將 IP 改成自己雲端網站之 IP)

　　(e) 接續執行範例 139。

(f) 按 **存款操作**。

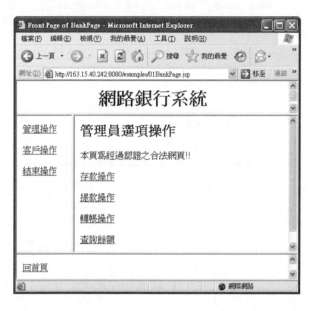

(g) 輸入存款金額。(本例為 5000)

(h) 檢視資料庫。(已將金額輸入資料表 Account，開戶時已存 2000，此次存 5000，故有 7000)

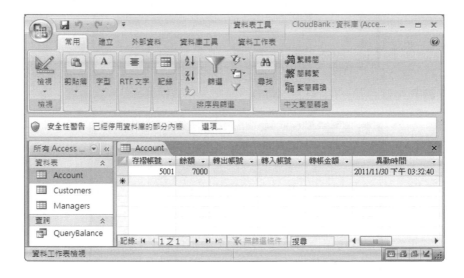

13-5-3 提款操作

客戶之存摺帳號與密碼，經過前節(13-5-1 節) 認証之後，即可執行提款操作，伴隨交給客戶之實數金額，將數值輸入網頁表單，由系統更新資料庫，完成提款作業。

提款作業時，資料頻繁進出資料庫，為了增進程式可讀性、與降低編譯使用率，本節範例設計資料庫 Java Bean，建立 SQL 指令方法程序、與資料輸入方法程序。並考量：在未更新資料庫之前，檢視原有餘額是否小於提款金額，如果小於，因原有餘額不足應付提款金額，則不執行提款作業；否則，因原有餘額足以應付提款金額，執行提款作業，並更新資料庫。

範例 141：設計檔案 WithdrawBean.java、16Withdraw.html、17Withdraw.jsp，**執行提款作業。**(接續範例 139 執行)

---

(1) 設計 Java Bean 檔案 DepositBean.java (建立資料庫進出方法程序，執行 SQL 指令，編輯於 C:\BookCldApp2\Program\ch13)

```
01  package DatabaseBeanLib;
02  import java.sql.*;

03  public class WithdrawBean {
04   private String sql1, sql2;

//  SQL 指令變數方法程序
05   public void setSQLcmd(String sql1, String sql2) {
06     this.sql1= sql1;
07     this.sql2= sql2;
08   }

//資料庫進出方法程序
09   public String getResult() {
10     int val, flag= 0;
11     String JDriver = "sun.jdbc.odbc.JdbcOdbcDriver";
12     String connectDB="jdbc:odbc:CloudBank";
13     StringBuffer sb = new StringBuffer();

14     try{
15       Class.forName(JDriver);
16       Connection con = DriverManager.getConnection(connectDB);
17       Statement stmt = con.createStatement();

18       con.setAutoCommit(false);

19       stmt.execute(sql1);
20       ResultSet rs = stmt.executeQuery(sql2);
21       while(rs.next()) {
```

```
22        val = rs.getInt("餘額");
23        if(val < 0) flag =1;
24      }
25      if(flag == 1) {
26        sb.append("Balance is not enough and Rollbak!! ");
27        con.rollback();
28      }
29      else
30        sb.append("Database works successfully!!");

31      con.commit();
32      con.setAutoCommit(true);

33      stmt.close();
34      con.close();
35    }
36   catch (Exception e){sb.append(e.getMessage());}
37   return sb.toString();
38   }
39 }
```

列 01　　建立包裹 DatabaseBeanLib。

列 05~08 SQL 指令變數方法程序。

列 09~38 資料庫進出方法程序。

列 11~12 連接資料庫。

列 13　　建立記錄緩衝器。

列 15~17 建立資料庫操作物件。

列 18~32 以資料庫安全指令，將資料寫入資料庫。

列 19　　執行 SQL 指令，更新資料庫資料。

列 20~28 在未更新資料庫之前，檢視原有餘額是否大於提款金額，如果小於，
　　　　 則執行列 25~27，否則繼續執行列 31。

列 25~27 因原有餘額不足應付提款金額，執行列 27，倒退至起始狀態，不改
　　　　 變資料庫資料。

列 31　　因原有餘額足以應付提款金額，執行更新資料庫。

列 37　　將緩衝器內容回傳呼叫程式。

(2) 設計檔案 16Withdraw.html（由前節範例 13Customer.jsp 驅動執行，建立
表單，等待輸入提款金額，驅動執行 17Withdraw.jsp）

```
01 <HTML>
02 <HEAD>
03 <TITLE>提款操作</TITLE>
04 </HEAD>
05 <BODY>
06 <FORM ACTION="17Withdraw.jsp"  METHOD="post" >
07 <p align="left">
08 <font size="5"><b>提款操作</b></font>
09 </p>
10 <p>  </p>
11 <p align="left">
12 <B>輸入提款金額：</B></p>
13 <p align="left">
14 提款金額 <INPUT TYPE="text" SIZE="20" NAME="A_amount">
15 </p>
16 <p align="left">
17 <INPUT TYPE="submit" VALUE="遞送">
18 <INPUT TYPE="reset" VALUE="取消">
19 </p>
20 </FORM>
21 </BODY>
22 </HTML>
```

列 14　　建立表單，等待輸入提款金額。

列 17　　配合列 06，驅動執行 17Withdraw.jsp。

(3) 設計檔案 17Withdraw.jsp（由 16Withdraw.html 驅動執行，使用 Java Bean
WithdrawBean.java 之方法程序，更新資料庫）

```
01 <%@ page contentType="text/html;charset=big5" %>
02 <%@ page import= "java.sql.*, java.util.Date" %>
03 <html>
04 <head><title>Withdraw Work</title></head><body>
05 <p align="left">
06 <font size="5"><b>提款作業</b></font>
07 </p>
08 <jsp:useBean id= "Withdraw" scope= "session"
   class= "DatabaseBeanLib.WithdrawBean" />
09 <%
```

```
//宣告變數，讀取網站時間、與前網頁表單輸入之存款金額
10   request.setCharacterEncoding("big5");
11   Date timeDate= new Date();
12   String timeStr= timeDate.toLocaleString();
13   String Aamount=request.getParameter("A_amount");

//如果通過網頁認証，即將資料更新資料庫
14   if(session.getAttribute("Bank") == "true") {
15       out.print("本頁爲經過認證之合法網頁!!" + "<br>");

16       String NUMBER= session.getAttribute("ACCOUNT").toString();
17       String sql1 = "UPDATE Account " +
                       " SET 餘額 = 餘額 - " + Aamount  +
                       ", 異動時間 = '" + timeStr +
                       "' WHERE 存摺帳號 = " + NUMBER + ";";

18       String sql2 = "SELECT  餘額 " +
                       "FROM Account " +
                       "WHERE 存摺帳號 = " + NUMBER + ";";

19       Withdraw.setSQLcmd(sql1, sql2);
20       out.print(Withdraw.getResult());
21   }

//如果未通過網頁認証，則返回首頁
22   else{
23     out.print("<p><A HREF=");
24     out.print("'01BankPage.jsp'");
25     out.print(" TARGET=");
26     out.print("'_top'");
27     out.print(">因本頁爲非合法網頁!!請按此回首頁</A></p>");
28   }
29 %>
30 </body>
31 </html>
```

列 08   以標籤呼叫使用 Java Bean 檔案 WithdrawBean。

列 10~13 宣告變數，讀取網站時間、與前網頁表單輸入之提款金額。

列 14~21 如果通過網頁認証，即更新資料庫。

列 16   讀取前網頁以 session 接續碼設定之存摺帳號。

列 17~18 設定 SQL 指令。

列 19 　　 呼叫使用 Java Bean 方法程序 setSQLcmd(sql1, sql2)，執行 SQL 指令。

列 20 　　 讀取 Java Bean 方法程序 getResult() 之回傳訊息。

列 22~28 如果未通過網頁認証，則返回首頁。

(4) 執行項檔案 DepositBean.java、14Deposit.html、15Deposit.jsp：(參考本系列書上冊範例 02、或本書附件 B 範例 firstJSP)

(a) 參考 12-2 節範例 131，編譯 WithdrawBean.java，將編譯產生之包裹 DatabaseBeanLib 隨同包裹內之檔案 WithdrawBean.class 複製至目錄：C:\Program Files\Java\Tomcat 7.0\webapps\examples\WEB-INF\classes (注意：如果上述目錄中已有 DatabaseBeanLib，則僅將 WithdrawBean. class 複製至目錄 DatabaseBeanLib 內)

(b) 將 16Withdraw.html、17Withdraw.jsp 複製至目錄：C:\Program Files\ Java\Tomcat 7.0\webapps\examples，同時檢視本例光碟目錄 C:\ BookCldApp2\Program\ch13 內檔案 01~15 也已複製於此 Tomcat 目錄。

(c) 重新啟動 Tomcat。

(d) 使用者開啟瀏覽器，使用網址：http://163.15.40.242:8080/examples/ 01BankPage.jsp，其中 163.15.40.242 為網站主機之 IP，8080 為 port。 (注意：讀者實作時應將 IP 改成自己雲端網站之 IP)

(e) 接續執行範例 139。

(f) 按 提款操作。

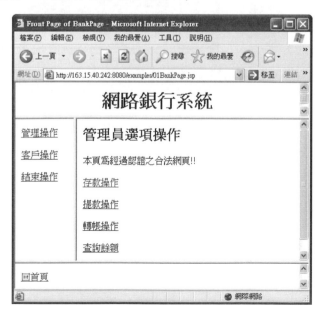

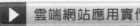

(g) 輸入提款金額。(本例為 250)

(h) 檢視資料庫。(已更新資料表 Account，原有餘額 7000，此次提款 250，故有 6750)

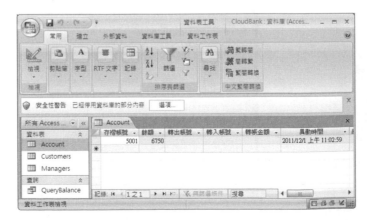

13-5-4 轉帳操作

客戶之存摺帳號與密碼，經過前節(13-5-1 節) 認証之後，即可執行轉帳操作，將轉入帳號與轉帳金額輸入網頁表單，由系統更新資料庫，完成轉帳作業。

轉帳作業時，資料頻繁進出資料庫，為了增進程式可讀性、與降低編譯使用率，本節範例設計資料庫 Java Bean，建立 SQL 指令方法程序、與資料更新方法程序。執行本節範例前，先考量：

(1) 因限於篇幅，本章範例僅設計同一銀行內，存摺間之轉帳。

(2) 在未更新資料庫之前，檢視轉出存摺是否有足夠之餘額，如果不足，則不執行轉帳作業。

(3) 為了使轉帳作業順利解說，依 13-4 節步驟，為另一新客戶開戶。(本例為姓名林客戶、存摺帳號 5002、餘額 1000)

(4) 為了使轉帳作業順利計算，管理員直接開啟資料庫，於資料表 Account 增設一個存摺帳號"0"。(如下圖，用於建立轉帳計算之輔助區)

(5) 檢視資料表 Customers、Account。(自行檢視 Customers；Account 如下圖，已建立新客戶帳號"5002"、與輔助帳號"0")

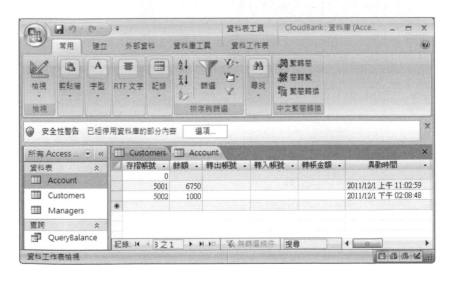

範例 142：設計檔案 TransferBean.java、18Transfer.html、19Transfer.jsp，執行轉帳作業。(接續範例 139 執行)

(1) 設計 Java Bean 檔案 TransferBean.java (建立資料庫進出方法程序，執行 SQL 指令，編輯於 C:\BookCldApp2\Program\ch13)

```
01 package DatabaseBeanLib;
02 import java.sql.*;

03 public class TransferBean {
04   private String sql1, sql2, sql3, sql4, sql5, sql6;
```

// SQL 指令變數方法程序
```
05   public void setSQLcmd(String sql1, String sql2, String sql3,
                           String sql4, String sql5, String sql6) {
06     this.sql1= sql1;   this.sql2= sql2;
       this.sql3= sql3;   this.sql4= sql4;
       this.sql5= sql5;   this.sql6= sql6;
07   }
```

//資料庫進出方法程序
```
08   public String getResult() {
09     int val, flag= 0;
10     String JDriver = "sun.jdbc.odbc.JdbcOdbcDriver";
11     String connectDB="jdbc:odbc:CloudBank";
12     StringBuffer sb = new StringBuffer();

13     try{
14       Class.forName(JDriver);
15       Connection con = DriverManager.getConnection(connectDB);
16       Statement stmt = con.createStatement();

17       con.setAutoCommit(false);

18       stmt.execute(sql1);      stmt.execute(sql2);
         stmt.execute(sql3);      stmt.execute(sql4);
         stmt.execute(sql5);

19       ResultSet rs = stmt.executeQuery(sql6);
20       while(rs.next()) {
21         val = rs.getInt("餘額");
22         if(val < 0) flag =1;
```

```
23        }
24        if(flag == 1) {
25           sb.append("Balance is not enough and Rollbak!! ");
26           con.rollback();
27        }
28        else
29           sb.append("Database works successfully!!");

30        con.commit();
31        con.setAutoCommit(true);

32        stmt.close();
33        con.close();
34     }
35     catch (Exception e){sb.append(e.getMessage());}
36     return sb.toString();
37  }
38 }
```

列 01　　　建立包裹 DatabaseBeanLib。

列 05~07 SQL 指令變數方法程序。

列 08~38 資料庫進出方法程序。

列 10~11 連接資料庫。

列 12　　　建立記錄緩衝器。

列 14~16 建立資料庫操作物件。

列 17~31 以資料庫安全指令，更新資料庫。

列 18　　　執行 SQL 指令，更新資料庫資料。

列 19~27 在未更新資料庫之前，檢視原有餘額是否大於轉帳金額，如果小於，
　　　　　則執行列 24~27，否則繼續執行列 30。

列 24~27 因原有餘額不足應付轉帳金額，執行列 26，倒退至起始狀態，不改
　　　　　變資料庫資料。

列 30　　　因原有餘額足以應付轉帳金額，執行更新資料庫。

列 36　　　將緩衝器內容回傳呼叫程式。

(2) 設計檔案 18Transfer.html (由前節範例 13Customer.jsp 驅動執行，建立
　　表單，等待輸入轉入存摺帳號與轉帳金額，驅動執行 19Transfer.jsp)

```
01 <HTML>
02 <HEAD>
03 <TITLE>轉帳操作</TITLE>
04 </HEAD>
05 <BODY>
06 <FORM ACTION="19Transfer.jsp"  METHOD="post" >
07 <p align="left">
08 <font size="5"><b>轉帳操作</b></font>
09 </p>
10 <p>  </p>
11 <p align="left">
12 <B>輸入轉入帳號與轉帳金額：</B></p>
13 <p align="left">
14 轉入帳號: <INPUT TYPE="text" SIZE="10" NAME="In_account"><br>
15 轉帳金額: <INPUT TYPE="text" SIZE="20" NAME="A_amount">
16 </p>
17 <p align="left">
18 <INPUT TYPE="submit" VALUE="遞送">
19 <INPUT TYPE="reset" VALUE="取消">
20 </p>
21 </FORM>
22 </BODY>
23 </HTML>
```

列 14~15 建立表單，等待輸入轉入存摺帳號、與轉帳金額。

列 18　　　配合列 06，驅動執行 19Transfer.jsp。

(3) 設計檔案 19Transfer.jsp (由 18Transfer.html 驅動執行，使用 Java Bean
　　 TransferBean.java 之方法程序，更新資料庫)

```
01 <%@ page contentType="text/html;charset=big5" %>
02 <%@ page import= "java.sql.*, java.util.Date" %>
03 <html>
04 <head><title>Transaction Work</title></head><body>
05 <p align="left">
06 <font size="5"><b>轉帳作業</b></font>
07 </p>
08 <jsp:useBean id= "Transfer" scope= "session"
                    class= "DatabaseBeanLib.TransferBean" />
09 <%

//宣告變數，讀取網站時間、與前網頁表單輸入之資料
10  request.setCharacterEncoding("big5");
```

```
11   Date timeDate= new Date();
12   String timeStr= timeDate.toLocaleString();
13   String InAccount=request.getParameter("In_account");
14   String Aamount=request.getParameter("A_amount");
```

//如果通過網頁認証，即更新資料庫

```
15   if(session.getAttribute("Bank") == "true") {
16     out.print("本頁爲經過認證之合法網頁!!" + "<br>");

17     String NUMBER= session.getAttribute("ACCOUNT").toString();

18     String sql1= "UPDATE Account " +
                  " SET 轉出帳號= " + NUMBER + "," +
                  " 轉入帳號= " + InAccount + "," +
                  " 轉帳金額= " + Aamount +
                  " WHERE 存摺帳號=000 " + ";";

19     String sql2= "UPDATE Account " +
                  "SET 轉帳金額= DLookup('轉帳金額', 'Account', " +
                  " '存摺帳號= 000') " +
                  "WHERE 存摺帳號= (SELECT  轉出帳號 " +
                                  "FROM Account " +
                                  "WHERE 存摺帳號 = 000) ";

20     String sql3= "UPDATE Account " +
                  "SET 轉帳金額= DLookup('轉帳金額', 'Account', " +
                  " '存摺帳號= 000') " +
                  "WHERE 存摺帳號= (SELECT 轉入帳號 " +
                                  "FROM Account " +
                                  "WHERE 存摺帳號 = 000) ";

21     String sql4= "UPDATE Account " +
                  "SET 餘額= 餘額 - 轉帳金額 " +
                  " , 異動時間 = '" + timeStr +
                  "'WHERE 存摺帳號= (SELECT 轉出帳號 " +
                                  "FROM Account " +
                                  "WHERE 存摺帳號 = 000)";

22     String sql5= "UPDATE Account " +
                  "SET 餘額= 餘額 + 轉帳金額 " +
                  " , 異動時間 = '" + timeStr +
                  "'WHERE 存摺帳號= (SELECT 轉入帳號 " +
                                  "FROM Account " +
```

```
                                        "WHERE 存摺帳號 = 000)";

23    String sql6= "SELECT 餘額 " +
                   "FROM Account " +
                   "WHERE 存摺帳號 = " + NUMBER + ";";

24    Transfer.setSQLcmd(sql1, sql2, sql3, sql4, sql5, sql6);
25    out.print(Transfer.getResult());
26  }

//如果未通過網頁認証，則返回首頁
27  else{
28     out.print("<p><A HREF=");
29     out.print("'01BankPage.jsp'");
30     out.print(" TARGET=");
31     out.print("'_top'");
32     out.print(">因本頁為非合法網頁!!請按此回首頁</A></p>");
33   }
34 %>
35 </body>
36 </html>
```

列 08　　以標籤呼叫使用 Java Bean 檔案 TransferBean。

列 10~14　宣告變數，讀取網站時間、與前網頁表單輸入之轉入存摺帳號、轉帳金額。

列 15~26　如果通過網頁認証，即更新資料庫。

列 17　　讀取前網頁以 session 接續碼設定之自己轉出之存摺帳號。

列 18~23　設定 SQL 指令。

列 19　　呼叫使用 Java Bean 方法程序 setSQLcmd(sql1, sql2, sql3, sql4, sql5, sql6)，執行 SQL 指令。

列 25　　讀取 Java Bean 方法程序 getResult() 之回傳訊息。

列 27~33　如果未通過網頁認証，則返回首頁。

(4) 執行項檔案 TransferBean.java、18Transfer.html、19Transfer.jsp：(參考本系列書上冊範例 02、或本書附件 B 範例 firstJSP)

(a) 參考 12-2 節範例 131，編譯 TransferBean.java，將編譯產生之包裹 DatabaseBeanLib 隨同包裹內之檔案 TransferBean.class 複製至目錄：

C:\Program Files\Java\Tomcat 7.0\webapps\examples\WEB-INF\classes (注意：如果上述目錄中已有 DatabaseBeanLib，則僅將 TransferBean. class 複製至目錄 DatabaseBeanLib 內)

(b) 將 18Transfer.html、19Transfer.jsp 複製至目錄：C:\Program Files\Java\ Tomcat 7.0\webapps\examples，同時檢視本例光碟目錄 C:\ BookCldApp2\Program\ch13 內檔案 01~17 也已複製於此 Tomcat 目錄。

(c) 重新啟動 Tomcat。

(d) 使用者開啟瀏覽器，使用網址：http://163.15.40.242:8080/examples/ 01BankPage.jsp，其中 163.15.40.242 為網站主機之 IP，8080 為 port。 (注意：讀者實作時應將 IP 改成自己雲端網站之 IP)

(e) 接續執行範例 139。

(f) 按 轉帳操作。

(g) 輸入提款金額。(本例為 5002、1000)

(h) 檢視資料庫。(已更新資料表 Account，帳號 5001 原有餘額 6750，轉出 1000，故為 6750；帳號 5002，原有 1000，轉入 1000，故為 2000)

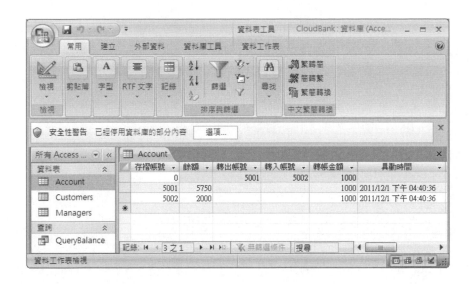

13-5-5 查詢餘額

客戶之存摺帳號與密碼，經過前節(13-5-1 節) 認証之後，即可執行餘額查詢操作，了解最近一次異動後之餘額。

範例 143：設計檔案 20QueryBalance.jsp，**執行餘額查詢**。(接續範例 139 執行)

---

(1) 設計 **20QueryBalance.jsp** (由前節範例 13Customer.jsp 驅動執行，執行查詢餘額，編輯於 C:\BookCldApp2\Program\ch13)

```
01 <%@ page contentType="text/html;charset=big5" %>
02 <%@ page import= "java.sql.*" %>
03 <%@ page import= "java.io.*" %>
04 <html>
05 <head><title>QueryBalance</title></head><body>
06 <p align="left">
07 <font size="5"><b>客戶存摺餘額查詢</b></font>
08 </p>
09 <%

//連接資料庫
10   boolean flag = false;
```

```
11   String JDriver = "sun.jdbc.odbc.JdbcOdbcDriver";
12   String connectDB="jdbc:odbc:CloudBank";
13   StringBuffer sb = new StringBuffer();

14   Class.forName(JDriver);
15   Connection con = DriverManager.getConnection(connectDB);
16   Statement stmt = con.createStatement();
```

//檢驗本網頁是否為經過認証之合法網頁
```
17   request.setCharacterEncoding("big5");
18   if(session.getAttribute("Bank") == "true") {
19     flag = true;
20     out.print("本頁為經過認證之合法資料庫查詢網頁!!" + "<br>");
21   }
22   else{
23     out.print("<p><A HREF=");
24     out.print("'01BankPage.jsp'");
25     out.print(" TARGET=");
26     out.print("'_top'");
27     out.print(">因本頁為非合法網頁!!請按此回首頁</A></p>");
28   }
```

//如果為合法網頁,則印出餘額
```
29   if (flag) {
30     String NUMBER= session.getAttribute("ACCOUNT").toString();

31     String sql="SELECT * FROM QueryBalance WHERE 存摺帳號= " +
                   NUMBER +";" ;
32     stmt.execute(sql);

33     ResultSet rs = stmt.getResultSet();
34     ResultSetMetaData md = rs.getMetaData();
35     int colCount = md.getColumnCount();
36     sb.append("<TABLE CELLSPACING=10><TR>");
37     for (int i = 1; i <= colCount; i++)
38         sb.append("<TH>" + md.getColumnLabel(i));
39     while (rs.next())
40       {
41         sb.append("<TR>");
42         for(int i = 1; i <= colCount; i++)
43           {
44             sb.append("<TD>");
45             Object obj = rs.getObject(i);
```

```
46          if (obj != null)
47              sb.append(obj.toString());
48          else
49              sb.append(" ");
50          }
51      }
52      sb.append("</TABLE>\n");
53  }
54  else
55      sb.append("<B>無法執行</B> ");
```

```
//印出緩衝器內容
56  String result= sb.toString();
57  out.print(result);
```

```
//關閉資料庫
58  stmt.close();
59  con.close();
60  %>
61  </body>
62  </html>
```

列 10~16 宣告變數，連接資料庫，建立操作物件。

列 13   建立記錄緩衝器。

列 17~28 檢驗本網頁是否為經過認証之合法網頁。

列 18~21 以 session 網頁接續碼檢驗是否為合法網頁，如果合法，則執行 29~55。

列 22~28 如果不合法，則返回首頁。

列 29~55 如果為合法網頁，則印出餘額。

列 30   由前網頁 session 接續碼，讀取存摺帳號。

列 31~32 設定 SQL 指令，讀取餘額。

列 33~55 將資料整齊置入緩衝器。

列 56~57 整齊印出緩衝器內容。

列 58~59 關閉資料庫。

(2) 執行項檔案 20QueryBalance.jsp：(參考本系列書上冊範例 02、或本書附件 B 範例 firstJSP)

(a) 將 20QueryBalance.jsp 複製至目錄：C:\Program Files\Java\Tomcat 7.0\
webapps\examples，同時檢視本例光碟目錄 C:\BookCldApp2\
Program\ch13 內檔案 01~19 也已複製於此 Tomcat 目錄。

(b) 重新啟動 Tomcat。

(c) 使用者開啟瀏覽器，使用網址：http://163.15.40.242:8080/examples/
01BankPage.jsp，其中 163.15.40.242 為網站主機之 IP，8080 為 port。
(注意：讀者實作時應將 IP 改成自己雲端網站之 IP)

(d) 接續執行範例 139。

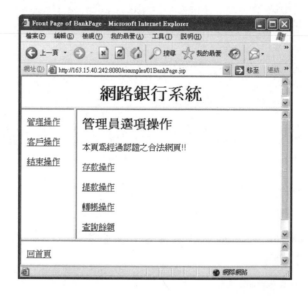

(e) 按 查詢餘額。

13-6 結束操作(Finish Operation)

於本章範例，無論是管理操作、或是客戶操作，都將進入經過認証之合法網頁，如果沒有清除，將會被有心人所乘，侵入系統，做出盜領、盜轉之憾事。為了維護安全，在管理員、或客戶操作結束後，應切記執行結束操作。

範例 144：設計檔案 21Finish.jsp，**執行結束操作。**

---

(1) 設計 **21Finish.jsp**（執行結束操作、返回首頁，編輯於 C:\BookCldApp2\ Program\ch13）

```
01 <%@ page contentType="text/html;charset=big5" %>
02 <html>
03 <head><title>Finish</title></head>
04 <body>
05 <a href= "01BankPage.jsp" target= "_top">操作結束!!按此回首頁</a>
06 </body>
07 </html>
```

列 05　　返回首頁。

(2) **執行項檔案 21Finish.jsp**：(參考本系列書上冊範例 02、或本書附件 B 範例 firstJSP)

(a) 將 21Finish.jsp 複製至目錄：C:\Program Files\Java\Tomcat 7.0\webapps\ examples，同時檢視本例光碟目錄 C:\BookCldApp2\Program\ch13 內檔案 01~20 也已複製於此 Tomcat 目錄。

(b) 重新啟動 Tomcat。

(c) 使用者開啟瀏覽器，使用網址：http://163.15.40.242:8080/examples/ 01BankPage.jsp，其中 163.15.40.242 為網站主機之 IP，8080 為 port。 (注意：讀者實作時應將 IP 改成自己雲端網站之 IP)

(d) 當管理員操作、或客戶操作後： 按 **結束操作**。

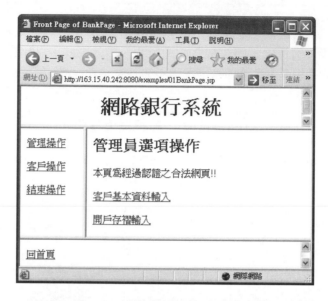

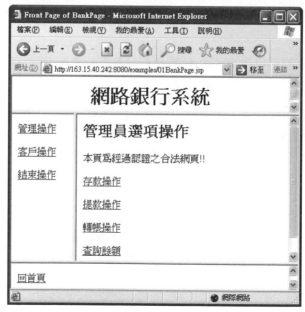

(e) 按 操作結束!!按此回首頁。(返回首頁,等待新案操作)

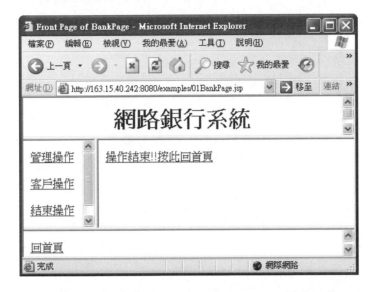

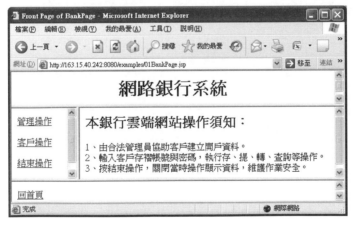

13-7 習題(Exercises)

1、試請敘述 10 項銀行作業項目。

2、試於本章範例，增設利率功能。

3、試於本章範例，增設交易明細功能。

附錄 **A**

安裝Java系統軟體

A-1 簡介

　　目前電腦領域，有許多應用系統，都具有輔助完成雲端運算之功能，筆者認為，Java 是其中最有執行能力的工具之一，Java 有物件導向特性，有網路傳遞資料功能，當 Java 與 Html 合併編輯時，更有執行強大互動網頁之能力。雅虎(Yahoo!) 雲端平台作業系統 Hadoop 亦是以 java 寫成(與本書相同)。

　　本章引領安裝最新 Java 標準開發套件(Java SE Development Kit)，讀者可於 "http://java.sun.com" 自行下載，或使用本書光碟 C:\BookCldApp\System 已備妥之 jdk-7u1-windows-i586.exe。

　　本章內容包括安裝 Java 系統軟體(jdk-7.0)、設定 Java 環境、與第一個 Java 程式，請參考執行步驟依序執行。

A-2 安裝 Java 系統軟體

　　讀者可於 http://java.sun.com 自行下載，或使用本書光碟 C:\BookCldApp\System 已備妥之 jdk-7u1-windows-i586.exe，安裝至雲端網站。

(1) 點選本書光碟 C:\BookCldApp\System 之 jdk-7u1-windows-i586.exe。

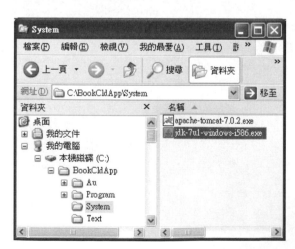

(2) 點選 **Next**。

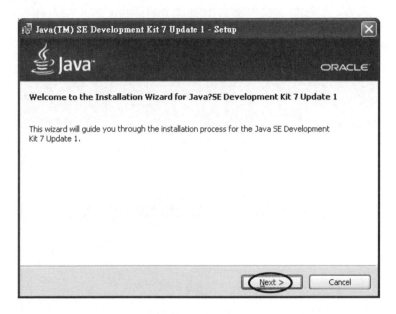

(3) 點選 **Development Tools** 倒三角。

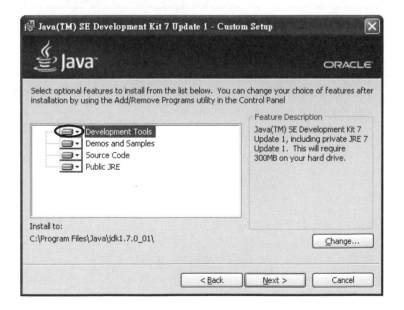

(4) 點選 **This feature, and all subfeatures, will be installed on local hard drive** \ 依序以相同步驟,執行其他項目(Demos and Samples、Source Code、Public JRE) \ 按 **Next**。

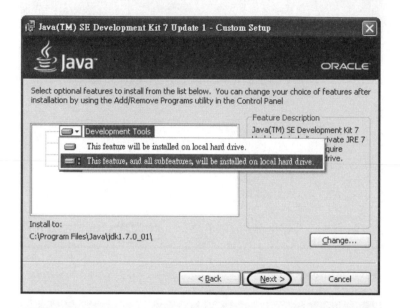

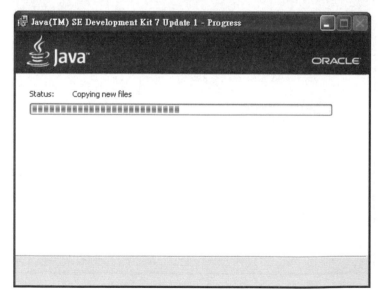

(5) 按 **Next**。

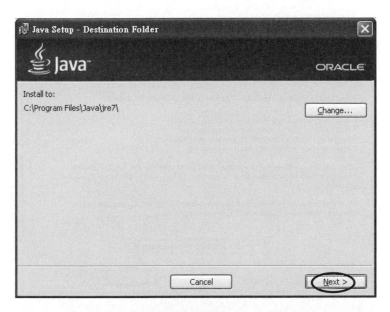

(6) 按 **Finish**，完成安裝。

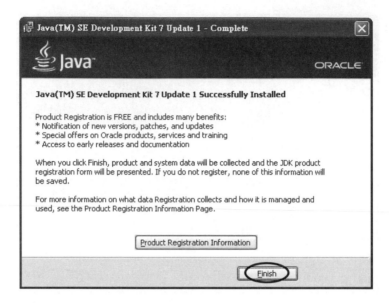

(7) 檢視安裝。安裝完畢後，將會於 C:\Program Files\Java 產生目錄
\jdk1.7.0_01、及其子目錄 bin、db、demo、include、jre、lib、sample、
src.zip 等；與目錄 jre7。

A-3 設定 Java 環境

　　Java 之所有系統執行檔均儲存於 C:\Program Files\Java\jdk1.7.0_01\bin 目錄內(如下圖)。當要編譯 Java 程式、或執行 Java 程式碼時,必須先將該程式或程式碼移置於此目錄內,才可執行,甚為不便。

　　為了避免必須將程式碼移置至 C:\Program Files\Java\jdk1.7.0_01\bin 目錄內之不便,讓任一目錄內之 Java 程式均可在自己目錄內執行,我們應設定 Java 執行路徑,其設定步驟如下:

(1) 點選 開始 \ 控制台 \ 系統。

(2) 按 進階。

(3) 按 環境變數。

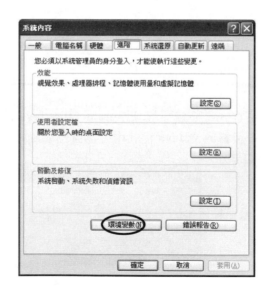

(4) 點選 系統變數之 新增。

(5) 於變數名稱欄 鍵入 "path"。

於變數值欄 鍵入 "C:\Program
Files\Java\jdk1.7.0_01\bin"。
按 確定。

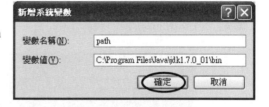

(6) 按 確定。

(7) 按 **確定**。完成設定。

(8) 檢視 Java 環境設定。開啟一個 Dos 視窗，於任意目錄鍵入 java，如果設定成功，將顯示如下：

A-4 第一個 Java 程式

　　Java 程式執行流程有多種不同形式，在此以最基礎之 Dos 視窗形式作為 "第一個 Java 程式" 解說，流程可分為：(1)編輯程式(Program Editing)、(2) 編譯程式(Program Compiling)、(3)執行程式(Program Executing)。

> **範例 01**：設計檔案 MyfirstJava.java，**解說 Java 程式之編輯、編譯、與執行。**

(1) 編輯程式：可儲存 Java 程式之編輯工具非常多，筆者認為 "記事本" 最為樸實，負擔輕、效率高，因此建議讀者以 "記事本" 為 Java 程式之編輯器。(編輯於本書光碟 C:\BookCldApp2\Program\附件 A)

```
01 class MyfirstJava{
02    public static void main(String[ ] args){
03           System.out.println("My first Java program");
04    }
05 }
```

列 1　　以 "class" 為起始標籤，設定程式為類別程序，本例名稱為 MyfirstJava。儲存檔案時，類別名稱與檔案名稱之主檔名必須相同。

列 2　　Java 程式之執行起始入口 main()。

列 3　　印出字串 "My first Java program"。

(2) 編譯程式：Java 程式檔案 xxx.java(如本例 MyfirstJava.java)編輯完成後，須再編譯成電腦了解的機器碼檔案 xxx.class，然後才可作執行。Java 之編譯與執行均在 Dos 內進行。

(a) 開啟 Dos 或 命令提示字元。

(b) 調整至儲存程式之目錄。本例為 C:\BookCldApp2\Program\附件 A。

(c) 鍵入 **dir**，以確定程式 MyfirstJava.java 確實存在。

(d) 鍵入指令 `javac MyfirstJava.java`，執行程式編譯。(javac 為系統編譯
指令)

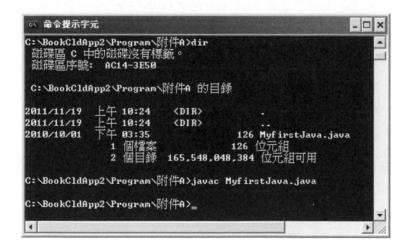

(e) 鍵入 **dir**，確定已產生類別 MyfirstJava.class。完成編譯。

(3) 執行程式：

(a) 鍵入指令 **java MyfirstJava**。執行編譯碼 MyfirstJava.class，此時無需鍵入副檔名 ".class"。印出字串 "My first Java program" 即為完成執行。

(b) 經過以上各步驟，讀者已完成您的第一個 Java 程式。

note

附錄 **B**

安裝Tomcat系統軟體

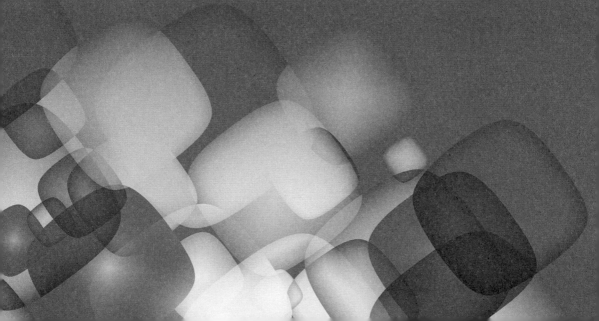

B-1 簡介

　　Java 除具有物件導向特質外，亦具有強大之網路資料傳遞功能，當與 Html 網頁語言合併時，即可產生非常靈巧的 Java 互動網頁(Java Serve Page 簡稱 JSP)，我們可利用此功能建立雲端網站網頁(Cloud Site Page)，使用者用戶藉此網頁，與此雲端網站(Cloud Site) 互動存取資料、互動運算資料。

　　Tomcat 是專為 Java 互動網頁設計的網站系統，在開發 Servlet 之初，昇陽(Sun) 開發 Servlet/jsdk 系列網站系統軟體，發展互動功能。亦即、若單獨使用 Servlet 系統，安裝專為其設置之 jsdk 網站系統軟體即可(請參考筆者著 "Servlet 網站網頁與資料庫")。

　　自 Java 互動網頁(Java Serve Page) 開發完成後，為了合併 Servlet 與 JSP 使用相同的網站系統軟體，業界多選擇使用 Tomcat 系列系統軟體，本書採用 Tomcat7.0 最新版。

　　本章內容包括安裝最新 Tomcat7.0 系統軟體、設定 Java 互動網頁(Java Serve Page) 環境、與第一個 Java 互動網頁程式，請參考執行步驟依序執行。

B-2 安裝 Tomcat 系統軟體

　　本節引領安裝最新 Tomcat7.0 系統軟體，讀者可於 http://tomcat.apache. com 自行下載，或使用本書光碟 C:\BookCldApp\System 已備妥之 apache-tomcat-7.0.2.exe，安裝於雲端網站(Cloud Site)。

(1) 點選本書光碟 C:\BookCldApp\System 提供之 apache-tomcat-7.0.2.exe。

(2) 點選 **Next**。

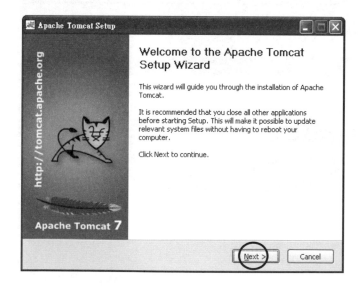

(3) 點選 **I Agree**。

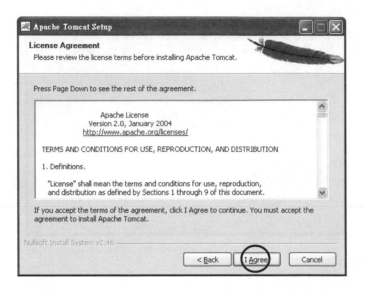

(4) 全部勾選 \ 點選 **Next**。

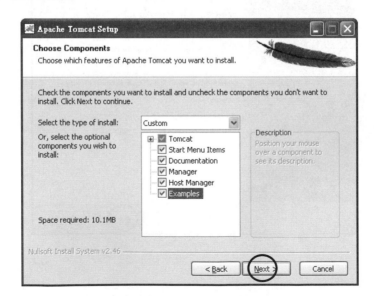

(5) 按 **Browse**。

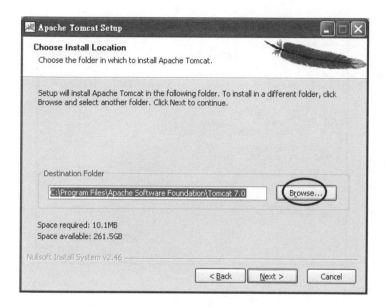

(6) 點選目錄 C:\Program Files\Java \ 按 確定。

(7) 點選 **Next**。

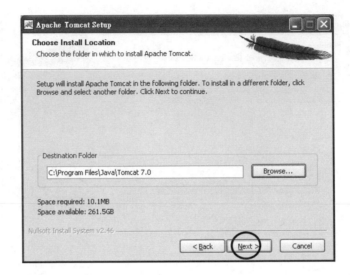

(8) 點選 **Next**。

(9) 點選 **Install**。

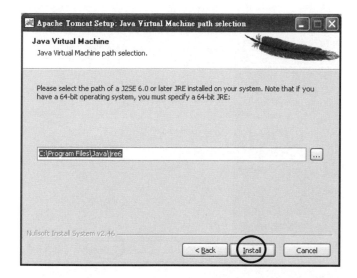

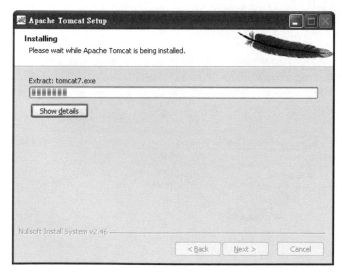

(10) 按 **Finish**。完成安裝。

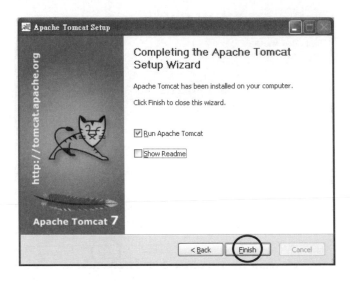

(11) 檢視安裝。安裝完畢後，將會於 C:\Program Files\Java 產生目錄 Tomcat7.0、及其子目錄。

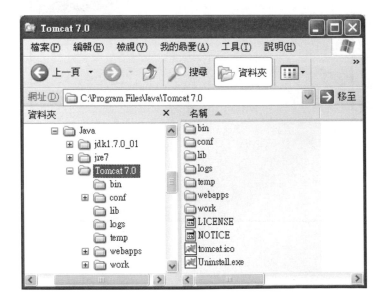

B-3 設定 Java 互動網頁(Java Serve Page) 環境

如前節於雲端網站(Cloud Site)，設定 Tomcat7.0 之位置目錄 C:\Program Files\Java，用意在方便與 Java 系統連接。

本節再以目錄 C:\Program Files\Java\jdk1.7.0_01 設定為 Tomcat 之系統路徑(Path)，並依系統要求設定路徑名稱 JAVA_HOME，使其與 Java 系統密切連接。

(1) 點選 開始 \ 控制台 \ 系統。

(2) 按 進階。

(3) 按 環境變數。

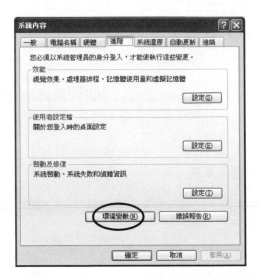

(4) 點選 系統變數之 新增。

(5) 於變數名稱欄 鍵入 "JAVA_HOME"。

於變數值欄 鍵入 "C:\Program Files\Java\jdk1.7.0_01"。

按 確定。

(6) 按 確定。

(7) 按 確定。完成設定。

(8) 啟動 Tomcat 系統。(依 3-4-2-2 節步驟執行)

(9) 檢視 Tomcat 設定。開啟瀏覽器，以 http://localhost:8080/index.html 為網址，如果顯示如下，表示安裝成功。

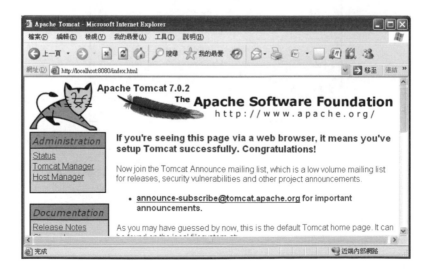

B-4 第一個 Java Serve Page 程式

　　JSP 是建立於雲端網站(Cloud Site) 之互動網頁程式，使用者可依網站網址開啓網頁，經由該網頁與雲端網站(Cloud Site) 作資訊互動。對初學者來言、總是希望以最基礎之方式，全程嘗試一遍執行過程。本節將介紹：(1)雲端 JSP 程式之編輯(Program Editing)、(2) 雲端 JSP 程式之執行(Program Executing)、(3) 雲端 JSP 網頁之執行(Page Executing)，經過此三個步驟，將立即體驗第一個雲端 JSP 實作。

B-4-1 程式編輯(Editing Program)

　　JSP 網頁程式，是以 Html 與 Java 合併編輯而成，Html 部份即如一般 Html 網頁撰寫；Java 部份則是以<% … %>符號將 Java 程式碼括置其中。由此也可看出 JSP 是由 Java 支援的網頁，有 Java 物件導向之強大功能，亦有 Html 網頁之靈巧應用。

> **02** 編輯 JSP 雲端網站程式 MyfirstJSP.jsp.jsp，使用者開啟網頁顯示中英文訊息 "My First JSP Cloud Programming 我的第一個 JSP 雲端網頁"。(本例程式以記事本為編輯器，儲存於本書光碟 C:\BookCldApp2\Program\附件 B)

```
01 <%@ page contentType="text/html;charset=big5" %>
02 <html>
03 <head><title>Ex02</title></head>
04 <body>
05 <%
06 out.println("My first JSP Cloud programming");
07 out.println("我的第一個 JSP 雲端網頁");
08 %>
09 </body>
10 </html>
```

列 01　　設定程式型態。

列 02~04 與 09~10 以 html 編輯。

列 05~08 使用<%...%>符號，於其中以 Java 編輯。

列 06~07 以 Java 印出訊息。

B-4-2 程式執行(Executing Program)

Tomcat 是 JSP 之專屬網站網頁系統，只要將 JSP 程式置入 Tomcat 指定目錄，即自動編譯、自動推向網站網頁。執行步驟為：(1)複製 JSP 程式至 Tomcat 系統；(2)啟動 Tomcat 系統。

B-4-2-1 複製 MyfirstJSP.jsp

我們可以在 Tomcat7.0 系統內另訂執行目錄、與執行設定，但為了簡化操作，我們使用現成的執行目錄：C:\Program Files\Java\Tomcat 7.0\webapps\examples。將前節之編輯檔 MyfirstJSP.jsp 複製至此目錄內。

B-4-2-2 啟動 Tomcat 系統

為了將新複製 JSP 程式有效納入 Tomcat 執行系統，每當完成新程式複製後，必須將 Tomcat 重新啟動。啟動方式有 2 種：

(1) Dos 版作業系統之啟動(Start)/停止(Stop) 執行程式為：C:\Program Files\Java\Tomcat 7.0\bin 之 tomcat7.exe。

(2) Window 版作業系統之啟動(Start)/停止(Stop) 執行程式為：C:\Program Files\Java\Tomcat 7.0\bin 之 tomcat7w.exe。

本書使用 Window 版，執行步驟如下：

(1) 點選執行 C:\Program Files\Java\Tomcat 7.0\bin 之 tomcat7w.exe。

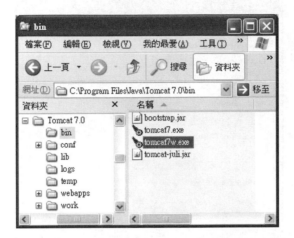

(2) 按 **Start**。(如果目前是 Stop，先按 Stop，等待轉為 Start 之後，再依步驟執行)

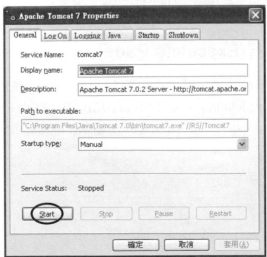

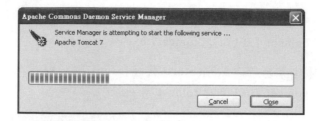

(3) 按 確定。完成重新啟動

(4) 同理，按 Stop \ 確定，關閉 Tomcat 系統。(當關閉後，將無法使用網頁)

B-4-3 網頁執行(Executing Page)

當完成前述步驟之後，即可在任意使用者端開啟瀏覽器，使用網址 http://163.15.40.242:8080/examples/MyfirstJSP.jsp，其中 163.15.40.242 為本書雲端網站之 IP，8080 為 port。(注意：讀者實作時應將 IP 改成自己雲端網站之 IP)

B-4-4 注意事項

雲端網站依前述步驟建立之 JSP 網頁,使用者可於任意使用端開啟使用,如果無法開啟,可能原因有:

(1) 雲端網站防火牆:如果讀者建立之雲端網站 IP,未經合法申請註冊,應將網站防火牆暫時關閉。(如圖)

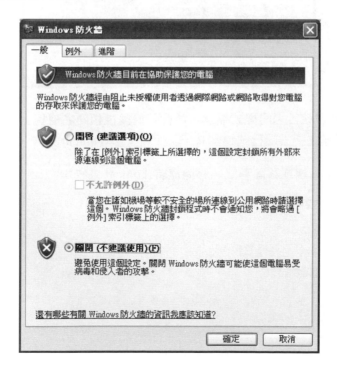

(2) 共用和安全性：如果尚未開啟檔案目錄之 "共用和安全性"，使用預設精靈
　　關啟之。(如圖)

　　　Tomcat 曾執行過的程式檔案，將會干擾爾後相同名稱程式檔案之執行，
故於每一章建立新雲端程式檔案時，應重新安裝 Tomcat 系統，安裝步驟為：

(1) 於控制台\新增或移除程式，移除原有 Tomcat 系統；

(2) 依本附件內容重新安裝 Tomcat 系統。

附錄 C

中英文名詞索引

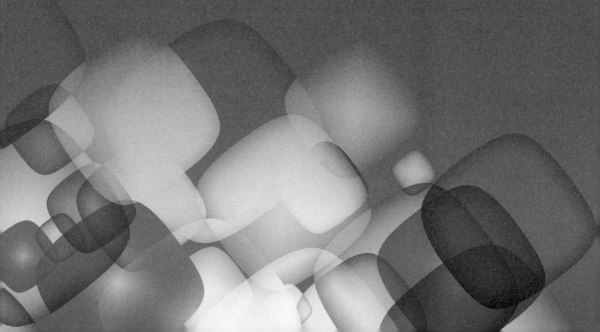

C-1 中文名詞索引

C-2 英文名詞索引

附錄 D

D

參考資料

[01] "雲端網站應用實作~基礎入門與私用雲端設計", 賈蓉生, 2011, 博碩.

[02] "Host Your Web Site in the Cloud", Jeff Barr, 2010, Amazon Web Services.

[03] "A Brief Guide to Cloud Computing", Chrixtopher Barnatt, 2010, Robinson Publishing.

[04] "Implementing and Developing Cloud Computing Applications", David E. Y. Sarna, 2010, Auerbach Publication.

[05] "A Quick Start Guide to Cloud Computomg", Williams.Mark, 2010, Kogan Page Ltd.

[06] "Java/JSP 經典案例解析", 賈蓉生, 2010, 松崗.

[07] "Database System Concepts", Silberschatz Abraham , 2010, McGraw-Hill.

[09] "Cloud Appliction Architectures", George Reese, 2009, O'Reilly Media. Inc.

[10] "Cloud Security and Privay", Tim Mather, 2009, O'Reilly Media, Inc

[11] "Cloud Computing, A Practical Approach", Robert C. Elsenpeter, 2009, McGraw Hill Osborne Media.

[12] "Cloud Computing Explained: Implementation Handbook for Enterprises", John Rhoton, 2009, Recursive Press.

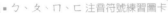

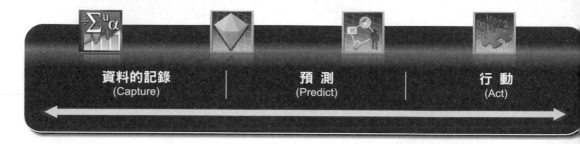